道ばたの草花がわかる!

散歩で出会うみちくさ入門

著/佐々木知幸
編/このは編集部

みちくさのススメ

ヒトが歩くと、道ができる。
その、道ばたに暮らすのが「**みちくさ**」だ。
道だけでなく、空き地や駐車場、公園の植え込みなど、
どちらかといえばすみっこや隙間に、ひっそりと、
けれどもたくましく暮らしている植物たち。
都市の中に潜む、小さな野生。
この本はそういった都市に生きる**みちくさ**の美を追い求める、
ちょっと変わった植物の本である。

ブロック舗装の隙間から生えて、花を咲かせた白いニワゼキショウ(p.55)。通常はピンク。

もくじ

いちばん近くにある自然

道ばたにたくましく生きる、みちくさ。
繰り広げられる自然のドラマは、高山や極地にも負けない。

このごろ、自然は失われているという。少なくとも、増えたという話は聞かない。だからこそ、残り少ない大自然を求め、アルプスに登山をしたり、飛行機で北海道や沖縄に出かけたりする。だが、僕らがふだん生活する都市には、自然はまったくないのだろうか？

確かに都市は、人間が設計した建物でできていて、街路樹や公園のような緑を含むものですら計画されたものだ。まるで自然とはかけ離れているように思えてしまう。しかし、どんなに計算し尽くされた都市にも、必ず隙間や、あやふやな空間が残されている。

思い出してほしい。信号待ちでふと目を落とした植え込みの雑草や、線路沿いのフェンスに絡みついた蔓草、ときには駅のホームの反対側で茂っているシダたちを。見落としてしまうようなかれらも、じつは小さな「自然」なのだ。

この本では、そんな都市に暮らす草たちを**みちくさ**と呼ぶ。かれらは誰かが計算したからそこにいるのではない。ただ、各々が自分の本能の赴《おもむ》くままに都市を居場所と決めて、踏ん張って生きている。

野山と比べたらささやかかもしれない。けれども、

ブロック舗装の隙間はまるで植物園。ヒメコバンソウ、オッタチカタバミ（p.42）、チチコグサモドキ（p.46）、オオアレチノギク（p.61）などが思い思いに生えている。

その種類は驚くほど多い。例え人工のものであっても、都市は複雑な環境を作り出し、その懐には**みちくさ**が生きる余白がいくらでもある。例えば、ちょっとした空き地、道路の隙間、公園の植え込み……。

かれらの生き様、かれらの美しさは大自然にも負けない。

さあ、足元にある自然を探して、散歩に出かけよう。

住宅地の空き地。タケニグサ(p.77)、ヨウシュヤマゴボウ(p.98)、セイタカアワダチソウ(p.101)、ヒメムカシヨモギ(p.61)などの背の高いみちくさがひしめき合っている。

線路わきの砂利。厳しい環境に耐えるカラスノエンドウ(p.40)。普通より背が低くなっている。

おとなのための
みちくさ入門

手軽さが魅力のみちくさだけど、
観察するにはちょっとしたコツがある。
まずは３つのポイントを押さえよう。

捨て目、捨て耳を利かす

「みちくさ」はどこでもできる遊びである。南極でだってできる。基本的に手ぶらでOK。大切なのは、キョロキョロすることだ。少々、挙動不審になるけれども、そんなことは寸毫《すんごう》も気にしてはいけない。ただし、無理をしてキョロキョロする必要もない。あくまで、好奇心の赴《おもむ》くままにキョロキョロするのがよいのである。まずは身の回りの「境界線」を意識してほしい。ビルが建っていれば、かならず地面との間には境界線がある。**みちくさ**はだいたいその境界線に生えている。だから、なにかの境目に注目するだけでも、**みちくさ**を見つけやすくなるはずだ。騙《だま》されたと思ってやってみてほしい。

　さらに、キョロキョロすると意外な「副産物」が得られる。こんなところに、こんなお店あったっけ？とか、珍しい自動販売機とか、お隣さんがペンキを塗り替えたとか。そういうしょうもない情報がどんどん手に入る。そういう情報も、選り好みせず楽しもう。慣れてくれば、意識しなくても「何かないか」と目が自然にスキャンするようになる。そういうのを「捨て目、捨て耳を利かす」という。

いつもの道こそ、宝の山

どこでもできるけれど、もっとも**みちくさ**に適している場所は、いつも通る道だ。通勤・通学、犬の散歩、自分の散歩コース。なぜ、いつも道がいいかというと、季節の変化を楽しめるからである。桜が咲いたら春、紅葉したら秋、だけでなく、季節はもっと細かく変化する。だらだらと長く咲く**みちくさ**も季節感がないようで、かれらが咲かなくなると、「ああ、本気で冬が来たな」というのが実感される。毎日見ていると、いちいち蕾《つぼみ》ができて、花が咲き、タネをつけて枯れるというのを、飽きもせず毎年繰り返しているのがわかるはずだ。これは遠くの自然では味わえない楽しみでもある。

　もうひとつの楽しみは、**みちくさ**と人間の戦いのドラマである。

Point
1
いつも通る道で

通勤や通学、散歩コースに、犬の散歩道など、いつも通る道こそ最適なみちくさポイントだ。毎日歩くだけに自分だけのお気に入りポイントなどを決めておくとよいだろう。

ふだん歩いているからこそ、小さな変化に気づく。何にもなかった砂利道がまたたく間にエノコログサ(p.91)におおわれる場面を目撃する、なんてこともある。

Point
2
境目に注目してみよう!

ビルなど建物があれば、かならず地面と建物との間には境界線がある。みちくさは多くの場合、その境界線に生えている。なにかの境目に注目するだけでも、グッとみちくさを見つけやすくなるはずだ。

(左)道路と植え込みの境目にひょいと顔を出す、アメリカスミレサイシン(p.32)。
(右上)駐輪場の屋根の溜まった落ち葉に生えるツユクサ(p.52)。
(右下)道路標識の基礎とブロック舗装の隙間に生えるアメリカフウロ(p.62)。

みちくさは大多数の人にとっては「雑草」に過ぎない。いらない雑草は抜く、というのが人情というものだ。だから、愛する**みちくさ**が抜かれたり刈られたりしても、苦情を言ったりしてはいけない。それまでの**みちくさ**がいなくなったことで、新しい命が芽吹くかもしれないからである。これもまた、いつもの道ならではの見どころである。

そんなわけで、①いつも通る道で、②境界線に注意しながら**みちくさ**を楽しんでみてほしい。少しずつ、世界の見え方が変わってくるはずだ。

みちくさの傾向

もう少し具体的に、**みちくさ**探しのポイントを紹介しよう。かれらは、じつはさまざまな制約の元で生きている。**光**、**温度**、**水分**、**土**などの環境条件だ。人間が与えるダメージ※も重要な影響を与えている。こうした環境条件が厳しすぎると、**みちくさ**は生きていけない。だから、かれらが生える環境がどんな場所なのかを考えることは、**みちくさ**探索の重要なヒントになる。例えば、車がひっきりなしに通る道路の真ん中を探しても、**みちくさ**は見つからないだろう。狙うは車のダメージが少ないはじっこだ。こんなふうに、前に述べた「境界線を探す」という作戦には合理的な理由があるのだ。

さて、これらの環境条件を頭に入れながら、12～17頁で詳述する6種類のシーンに注目してみてほしい。**みちくさ**が豊富な光を求め、水分や温度の条件が厳しい場所に進出している様子が伺える。都市空間は、決して植物にとって楽な環境ばかりではない。しかし、かれらはその限界ぎりぎりの状況に果敢に挑戦し続けている。その姿は、高山や砂漠、海辺といったさまざまな極限環境に暮らす植物にも匹敵するたくましさだ。足元で繰り広げられる生命のドラマは、必見である。

※これを専門的には「撹乱《かくらん》」と呼ぶ。ここでは人間の活動だけを挙げるが、台風、山火事、火山、地滑りなど、自然界にはさまざまな撹乱が存在する。

イラスト／岩田とも子

Point
3
いろいろな
シチュエーションを楽しもう

みちくさの豊かさは都市のつくる環境の複雑さにある。道路の隙間に草の茂った土手、フェンスに絡みついた蔓草……。人工物との取り合わせも多種多様だ。みちくさのつくる風景を楽しもう。

(上)ブロック舗装の隙間に生えるユウゲショウ(p.64)。
(中左)線路わきの住宅の壁際に生えるノゲシ(p.60)。
(中右)川沿いのフェンスに絡みつくナツユキカズラ。
(下左)公園の土手の草むら。
(下右)カレー店の壁際に生えるオオアレチノギク(p.61)。

環境による背の変化に注目！

もっとも身近なみちくさ、道路の隙間。人や車通りの多いところでは背が低く、少ないところでは高くなる。ひとつの種類が頑張っていることもある一方で、さまざまな種類が同居する「天然寄植え」も楽しい。

道路 ～激しい車の往来に耐えて生きる～

Road

いちばんオーソドックスなみちくさスポットである。通勤や通学のついでにすぐにでも観察をはじめられるのが魅力的だ。アスファルトの割れ目など、わずかな隙間に生えているたくましさが、胸を打つ。

道路の特徴は、アスファルトなどの舗装により、地面の温度の振れ幅がかなり大きいことだ。夏は裸足で歩けないほど熱く、冬には氷のように冷たくなる。さらに、土らしい土もないので、吸収できる水分や養分は極端に少ない。まるで、岩山か高山のような過酷な環境なのである。これに耐えられる精鋭だけが、道路に生えてくる。

一方、もう少しましな環境もある。例えば、L字型になった建物と道路の境界だ。人間の足や車の踏みつけリスクが少ないので、比較的背が高くなる傾向がある。また、U字溝はさらによい環境だ。雨水が集まるので水分が多いうえに、かき集められた泥が溜《た》まり、アスファルトに比べると天国のような厚い土があるのだ。この土に根を張り、コンクリートの蓋の隙間からわずかな光を追いかけてみちくさが顔をのぞかせていることはよくある。さながら、ノアの方《はこ》舟《ぶね》のようだ。

舗装や壁との組み合わせを鑑賞すべし！

道路と壁の隙間に並んで咲くハタケニラ(p.63)の花。みちくさと壁面のマリアージュにより予想外の名画が生まれることも。

U字溝はのぞき込むべし！

道路の地下に潜む、ノアの方舟。グリルからのぞき込むという状況が、秘密の花園を垣間見ている感覚だ。成長に伴い、飛び出してくる枝先は絶えざる人や車の通過で削られ、外に出にくくなっている。

線路

～あるのは岩山のような石とレールだけ～

Railway

このごろは、列車の写真を撮る、いわゆる「撮り鉄」と呼ばれるみなさんが線路わきに陣取っていることが多いが、**みちくさ**も負けてはいられない。列車と**みちくさ**の織りなす風景もなかなかいいものだ。この場合は、あくまで主役は**みちくさ**で、列車は脇役……。とはいえ、ちょっとレトロな車両が来るとよりうれしい。

線路の見どころは線路と砂利と植物の組み合わせにある。砂利は、道路と同じく温度変化と乾燥が激しく過酷な環境なうえに、砂利が移動することもあり得るので、不安定さも特徴だ。そのため、茎や地下茎が這《は》って広がるタイプの**みちくさ**が多く見られる。これは、河原や高山にある砂利に生きる植物とも共通する戦略である。

線路での観察では、安全への注意がとても重要である。鉄道会社やほかの利用者への迷惑にならないよう、交通量の少ない踏切がおすすめだ。決して線路内には入らないこと。一方、線路際では比較的、背の高い草が多く、種類もさまざまだ。脱走した園芸植物も多いので、花畑になっていることもある。通り過ぎる列車と**みちくさ**の花々が織りなす風景を路線ごとに訪ねるのも楽しい。

景色の変化を楽しむべし！

線路の保守によって、みちくさもいつかは刈られてしまう。線路の近くは背が低いが、端のほうではこのノゲシのように大きくなることもある。安全のために必要な草刈りにより、風景はいつも一期一会となる。

列車とのコラボを満喫しよう！

線路際も草刈りが行われるが、線路の周りに比べれば温情を頂けているようだ。さまざまな植物が暮らす場所になっている。このタチアオイはかつて誰かが植えたのかもしれないが、いつしか野生化してしまったようだ。

線路や砂利との組み合わせを鑑賞すべし！

磨かれた接地面と錆びた側面、そして砂利とみちくさの組み合わせはそれだけで盆景のような不思議な美しさ。茎を這わせるヒメフウロ(p.62)の性質が、この環境にうまく合っているようだ。

草丈と草刈りの関係に注目してみよう!

このごろ少なくなってしまったが、いかにも原っぱらしい原っぱ。こんなに広くなくても、公園などに時々ある風景だ。草刈りによって背の高さが変わるので、行政などの管理も併せてウォッチしてみよう。

草むら ～さまざまな草が切磋琢磨する競争社会～

Bush

都市の中でも、土がちゃんとある場合は草むらになっている。かれらは、もともと草原や森の中に生きていたものが都市の中で取り残されたり、その場に居合わせた草が混ざり合ったりして群れ集まっている。いくつかのパターンがあり、それぞれ違う風景をつくっている。

草むらといえば、まずは原っぱだ。公園や土手など明るい場所にできていることが多い。もちろん、何もしなければいずれ木が生えてくるので、誰かが草刈りをしているはずだ。草丈が高ければ、分け入ってみよう。芝生のように低く刈り込まれていれば、這《は》いつくばってかわいらしい**みちくさ**を探すのもよい。

もうひとつは、公園や道路の植え込みに現れる草むらだ。これも管理者によって、刈られたり、むしられたりする儚《はかな》い群落である。けれども、道を歩く僕らにいちばんいろいろな**みちくさ**との出会いをくれるのもこの草むらだ。日向と日陰でずいぶん種類も変わってくるので、そこにもご注目あれ。

日向と日陰の違いを比べてみよう!

ちょっとした段差にできる土手も、さまざまな植物の宝庫だ。こんなふうにススキが占領することもあれば、芝生のようになることもある。日向、日陰による違いはもちろん、斜面の角度による違いも面白い。

出会いは一期一会。草むしりされる前に楽しもう!

植え込みに現れる草むら。今度ゆっくり見よう、と思っているとあっという間に草むしりに遭って消えてしまう。一期一会と思って急用がない場合は、足を止めてみよう。草むしり後の復活劇も見ものだ。

空き地・駐車場

～むき出しの地面は極端な環境の証～

Vacant Lot/Parking Lot

代表として空き地と駐車場を挙げたが、「地面がむき出しになっている場所」の話である。今は地面がむき出しでも、時間が経って条件が整えば、もしかしたら草むらになるかもしれないし、ならないかもしれない。

まず、土がむき出しの場合だ。これにはいろいろ原因があるが、よくあるのは、宅地造成や空き家を更地にした場合に生まれる地面である。しばらく放置されることが多いので、外からいろいろな草が入ってきて、だんだんと草むらへと変わっていく。また、人間に頻繁に踏まれるような場所や、まったく光が射ささない場所、水分が多すぎたりする場合もむき出しが起こりやすい。こうなると、むき出した環境が得意な**みちくさ**だけが細々と生き残る場所になる。

他方、駐車場に多い、砂利が敷かれていてむき出しのままという場所がある。これは線路と同様、厳しい環境に耐える種類しか生き残れない。ただし、敷地のはじっこでは塀の影になったりして環境がマイルドになり、背の高い草むらが出現することもある。

はじっこと真ん中の違いに注目!

砂利の駐車場は線路の砂利同様、過酷な環境だ。ブロック塀沿いには日陰ができて温度の乱高下が少しおとなしくなるのと、吹き溜まるチリや砂のおかげで根が張りやすくなり、背の高い草が生える。

踏まれてる? むき出しの理由を推理!

強い乾燥によって、土がむき出しになっている。何か草が生えてもむしられてしまうようだ。ほとんどクルマバザクロソウ(p.79)とハタガヤしか生えない独特の風景が生まれている。

景色の変化を楽しむべし!

空き家が更地になって土だけになれば、あっという間にみちくさたちが生えてくる。自然界でも土砂崩れや洪水跡地に見られる現象だ。植物たちにとっては、災害も人間の仕業も区別がない。

みちくさスポット

蔓植物が描くたおやかな曲線を愛でるべし!

一般的な、青緑色のメッシュフェンスに絡まった蔓植物。人工物をおおい隠してくれるので、ほどほどであれば景観がよくなる効果もある。これもいずれは管理作業で取り除かれてしまうだろう。

フェンス ～人間の裏をかき、空を目指して伸びる～

Fence

足元の自然と謳《うた》っておいてなんだが、足元だけだと面白いものを見逃すかもしれない。**みちくさ**は3次元で展開するからだ。鍵は、フェンスである。

およそ、自力で立って世の中を渡って行く気のない蔓性の**みちくさ**にとっては、人間サマの築いた都市ほどありがたいものはない。何しろ、本来の森林ならば、地面の大半は木陰になって、ときどき倒木などによって現れる明るくなった場所を除いて、蔓植物の居場所は限られているからだ。それに引き換え、都市はそこら中が明るく、しかもフェンスに塀など、蔓植物を絡ませてくれる構造物にあふれている。都市は蔓植物に人間が与えた桃源郷と言っても過言ではない。そのため、各地でクズ(73頁)やアレチウリ(72頁)など、強烈な蔓植物との闘争がくり広げられているわけだが……。そんな暴れん坊の蔓植物も、そのたおやかな曲線は、独特の美しさを備えており、フェンスに絡む様を鑑賞せずにおくのはじつにもったいない。

おおいかぶさるのが仕事 かぶさり具合を楽しむべし!

フェンスを上り詰めると、高いところで徐々に葉を増やしておおいかぶさるのが蔓植物の常。このヤブカラシ(p.71)のようにおおいかぶさると花を咲かせはじめる。

むかごは ちゃっかり収穫すべし!

雨どいや電柱のワイヤーなども蔓植物の大好物だ。この雨どいにはヤマノイモ(p.103)が絡みついている。むかごを収穫するためにそっとしておこう。

石垣や壁

～あえて誰も選ばない困難な場所を選ぶ～

Stone Wall

こちらも高い位置のみちくささスポットだ。都市には、意外とアップダウンがある。そうするとそこに、「擁壁《ようへき》」というコンクリートや石積みの壁が築かれる。一般の住宅の周りでも、坂に面していたり、一段高くなったりすると石垣を廻《めぐ》らせていることも多い。さらに、石塀やブロック塀で家を囲むこともよくある。それらには、たくさんの継ぎ目がある。最初はぴったり閉じていても、時間とともに水が入り込み、少しずつ隙間が生まれてくる。そこへ、辿り着いた小さなタネや胞子が芽を出し、石垣や壁はいつの間にか緑をまとうようになるのである。ここに生える植物は、自然界の崖や、岩の隙間から生えるような植物が多いようだ。崖は、樹木など大きくなる植物にとってはとても暮らしにくい場所だが、乾燥や痩せた土に耐えられる小さな草たちにとっては、競争の少ない新天地になりうる。石垣や壁に生える**みちくさ**は、困難に立ち向かう勇者なのである。

まるでクライマー。生えていることを讃えよう!

古い街にある、自然石の石垣はみちくさの宝庫だ。たくさんある隙間はもとより、粗い表面にシダ類がくっついたり、変化に富んだ景色をつくる。中のほうはトカゲやムカデのすみ家にもなる。

どこから飛んできたのか? 飛行ルートを推理!

石垣や壁に比べると事例は少ないが、ブロック塀も大事な見所。隙間に生えるものもあるが、こちらはちょっと変わり種。透かしの入ったブロックの透かし部分に土がたまり、中からカタバミ(p.42)がこんにちは。目の高さにあるので鑑賞しやすい。

壁と「みちくさ」がつくり出す壁画を楽しもう!

ブロック風のコンクリート壁に描かれた壁画。継ぎ目に生えたノブドウ(p.102)と、その上に点々と生えるツルマンネングサ(p.63)。こうした継ぎ目や水抜きの管が、草たちのよりどころとなっている。

みちくさの出身地はどこ？

この本で取り上げる**みちくさ**は約200種。都会のど真ん中でも、探してみればこんなにもたくさんの植物があるというのは、けっこうな驚きだ。過酷な環境では特別タフなやつしか出てこないこともあるが、大抵は好みの似た者同士が同じ場所に混じり合って生えている。

下の写真を見てほしい。ぱっと見は、ただ雑草がもじゃもじゃ生えているだけに過ぎないが、この中にはヨモギ（104頁）、ハコベ（45頁）、ドクダミ（58頁）、ヤエムグラ（59頁）、オッタチカタバミ（42頁）、ミドリハカタカラクサ（85頁）、ウラジロチチコグサ（46頁）と、この狭い範囲に7種類もの**みちくさ**が生えている。こんなふうに、植物は空間や資源（水や栄養分）に余裕があれば、場所を分け合って暮らす生き物なのだ。

ところで、この7種類、全部が全部、日本に元からいるものではない。日本原産なのは、ハコベ、ドクダミ、ヤエムグラだけで、ヨモギは縄文時代や弥生時代のような古い時代に東アジアから渡来した「史前帰化植物」、オッタチカタバミは北アメリカ原産、ミドリハカタカラクサ、ウラジロチチコグサは、南アメリカ原産である。

こういった、外国からやってきた植物を「外来植物」「外来種」と呼んで、日本に昔から生えている「在来植物」「在来種」と区別する。少しニュアンスの違う「帰化植物」も使うが、この本では「外来種」に統一しておく。

不合理な話だが、「外来種」と黙って使う場合は、明治以降にやってきた種類を指すようだ。それ以前のものは、もう十分長いこと日本にすんでいるので在来種と一緒くたに扱う。三代続けば江戸っ子というのと同じだ。元はと言えば、日本列島は不毛の地だったころから、ずっと「移民」を受け入れ続けた結果、現在の生態系ができている。だから、「在来種」でござると言っても、単に昔からいるというだけなのだ。

みちくさは、もともとの自然が破壊された都市にできた、新しい植物の共同体だ。だから、あまり在来種はよくて、外来種はけしからん、という言い方はしたくない。もちろん、時に外来種は在来種を駆逐してしまうので、その危惧はあるわけだが、それでもこの1枚の写真のように、異なる出身地の草同士が、平和に共存しているというのもまた事実だ。ちょうど人間にとっての都市がそうであるように、**みちくさ**もまた、この新しい空間で新たな社会を作り出そうと壮大な実験を進めているところなのである。

①ヨモギ／②ハコベ／③ドクダミ／④ヤエムグラ
⑤オッタチカタバミ／⑥ミドリハカタカラクサ／⑦ウラジロチチコグサ

あると便利なアイテム

体ひとつあれば楽しめるのがみちくさのよさだけれど、もっと楽しむために、ふだんから持っておきたいアイテムをいくつか紹介しよう。どれも決して大きなものではないので、常にバッグの中に入れておくと、ふいの出会いにも対応できる。

拡大鏡（ルーペ・虫眼鏡）

小さな花や毛を観察するときに役立つ。小さなものを大きくして見ることで、ほかの人が知らないみちくさの魅力に気づけるかも。倍率は高すぎても使いにくいので5〜10倍がおすすめ。のぞくときは片目ではなく両目をあけながら見るといい。

スマートフォン/カメラ

もっとも手っ取り早い記録方法は「写真を撮ること」だろう。気になった植物があれば、とりあえず撮影してみるとよい。また、スマートフォンはその場ですぐに植物の名前が調べられるのが心強い。最近では、植物の名前を調べるためのアプリケーションもあるので要チェックだ。

メモ帳と筆記用具

見つけた場所や、周りの環境、植物の特徴などなんでもメモをとっておくとよい記録になる。とくに、写真だけだと細かい特徴は案外よくわからなくなってしまうのでメモをとろう。時には簡単なスケッチをするのも楽しい。

黄い線の内側から in山手線

テキスト・イラスト／岩田とも子

鶯谷駅 ヒナタイノコズチ
※ヒカゲイノコズチらしき植物は高田馬場駅にいる

近づきたいのに近づけない……。

そんな植物たちが東京の真ん中にいるのをご存知だろうか。
そう！その植物は毎日朝から晩まで電車の風に吹かれながらも人々に「いってらっしゃい」「おかえりなさい」と語りかけているかもしれない線路の周辺で暮らしている植物たちです。

線路脇で見かけるその植物たちは、例えば野山で「この深い藪を通らねば、沢を渡らねば近づけない」といったもどかしい場所に生えている植物にもちょっと似ています。すぐそこにいるのに近づけない悔しさといったら野山のそれ以上かもしれません。ここではそんなかれらを山手線の駅を例にして紹介します。藪でも沢でもなく**黄色い線の内側から！**

おなじく**鶯谷駅**のヒロハホウキギク **2番線1号車1番ドア前**で見られる。むしろ黄色い線の内側にいる。ホームにいながら間近で見られる植物だ。

Tokyo

東京駅4番線1号車付近で見つけたノゲシ。
タンポポと見間違えていたが、葉の強そうな感じが言われてみればノゲシっぽい。線路上やその周りは鉄板やパイプなどがあり、植物が生えそうな隙がほとんどなく唯一発見した植物。ここに生えはじめて何代目なんだろうか。それともどこから か綿毛を飛ばしてここにたどり着いたのか……。

Nishi-Nippori

西日暮里駅4番線7号車付近から観察できる蔓植物がある。ホーム向かいの斜面をおおい尽くしているクズだ。ちょうど向かい側にはベンチがあるので座りながらじっくり鑑賞できる。葉が落ちている間は少しさみしいけれど、夏にかけて蔓を伸ばし、葉を広げ花を咲かせるまでの変化が楽しめる。花はとてもよい香り。

Shinagawa

品川駅２番線ホーム端からビルに囲まれたススキとメリケンカルカヤが見えた。いずれもふわふわした綿毛をつけるイネ科植物。ビルの隙間から夕日があたって綿毛が輝いたりしないだろうか……と期待しながら鑑賞。メリケンカルカヤは特に紅葉が美しいので夕日が似合いそうだ。

※メリケンカルカヤは巣鴨駅、ススキは日暮里駅でもみられた。

Tabata

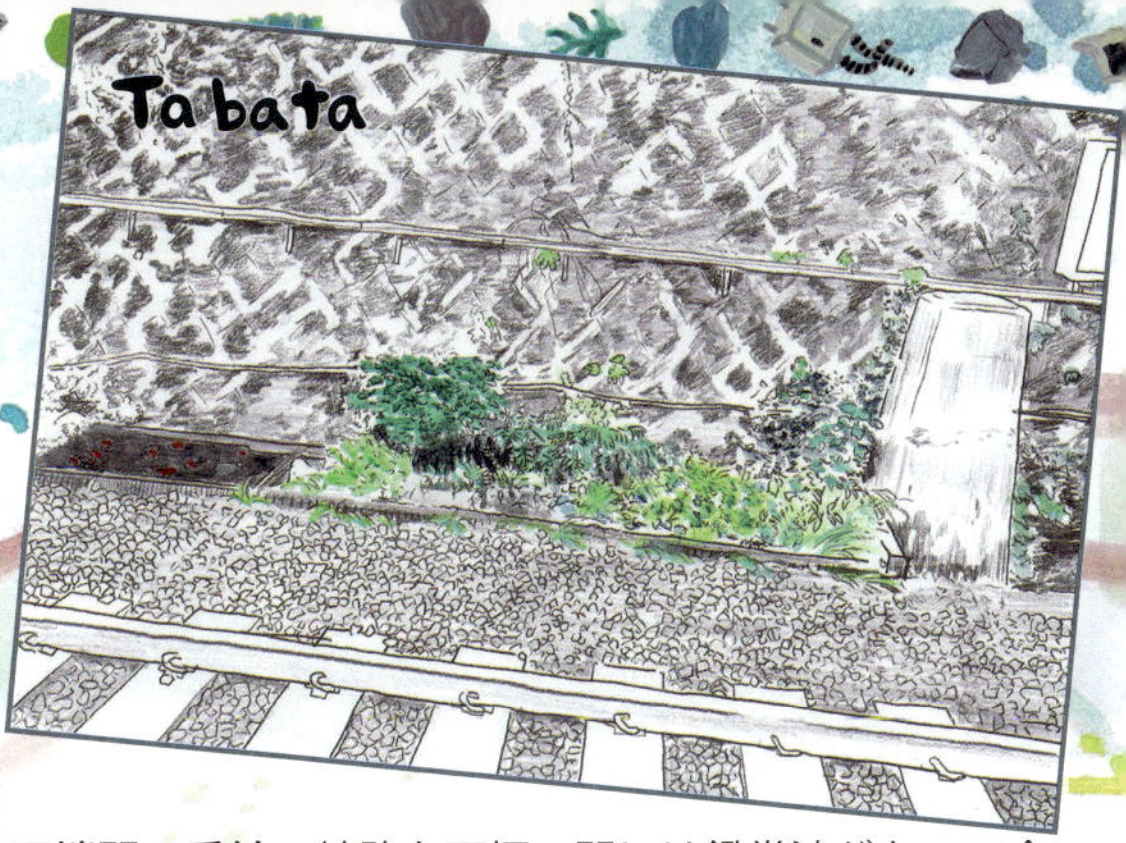

田端駅１番線の線路と石垣の間には鑑賞池があって金魚までいる。その隣の植物たちは冬場でも元気だ。アカメガシワ、イヌホオズキ、ホシダ、ホウライシダなど。季節によっては石垣の上にタケニグサが見られる。

Shinjuku

新宿駅11・12番線ホーム端は小さな庭のようになっていて、電車の中から見て気になっていた。**山手線サイド**から見ると庭のように見え、**中央線サイド**からはアカメガシワなど勝手に生えてきたような植物たちが見られた。ここには供養碑があって、駅の植物に注目して、初めてその存在にも気がついた。

Gotanda

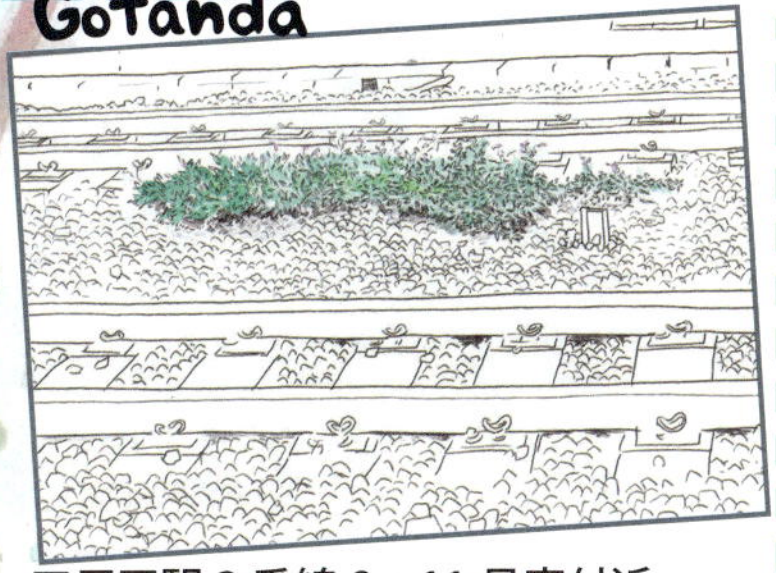

五反田駅２番線８・11号車付近

線路と線路に挟まれた砂利の上にイヌタデが広がっている。かわいらしいピンクの花がホームからもなんとか確認できる。このイヌタデは**高田馬場駅**でも見ることができる。そちらは群生ではなく隙間に並ぶようにして生えていて近くで見ることができた。

Sugamo

巣鴨駅１・２番線１号車寄りの駅のホーム端の「関係者以外立ち入り禁止」エリアにはエノコログサ、ノゲシ、ウラジロチチコグサ、アキノエノコログサが生えていた。駅名に同じく鳥の名前が入っている**鶯谷駅**のホームの端にもこのように間近で観察できるエリアがあるという意外な共通点を発見。

Shin-Ōkubo

新大久保駅１番線。砂利の上に這っているツタの紅葉とヘクソカズラの黄葉がきれい。そのほか、**上野駅**のツルドクダミ、**渋谷駅**のヘクソカズラ、**西日暮里駅**のカナムグラ、**田端駅**のノブドウなどホームから見ることができる蔓植物は多い。

Yoyogi

代々木駅３番線から向かいのホームの下でイノモトソウとヤブソテツの群落が見られる。**神田駅**のホウライシダ、**浜松町駅**と**御徒町駅**のイノモトソウのほか**新宿駅**や**池袋駅**などにもシダ植物がいた。

Mejiro

目白駅２番線。線路の砂利に少し埋もれた花壇を見てみた。園芸植物はなく、野草たちがひしめき合っている様は心地よいお風呂のようだ。入浴中なのはイヌホオズキ、イノモトソウ、オッタチカタバミなど。お風呂の外にはムラサキカタバミもいた。

植物が多くてじっくり観察したくなる駅

原宿駅 イタドリ、オニドコロ、ホタルブクロらしき植物など明治神宮出身と思われる植物が見られた。

上野駅 エノコログサやセイタカアワダチソウ、ムラサキエノコロ、ホウキギクなど各所に点在しているので見つけるのが楽しい。

季節の電車

駅から駅へ人々が移動していくように植物も時々移動します。ある時期に突然いなくなったと思ったらまた同じ季節に現れたり、増えたり違う種類の植物がやってきたり。植物たちが乗る季節の電車を黄色い線の内側から想像するのもいいかもしれません。

岩田とも子　身近な自然物の観察・採集から宇宙的なサイクルを体感するような制作をするアーティスト。
生き物に対する素朴な視点、そこからはじまる学びと表現を大切にしている。　http://tomokoiwata.tumblr.com/

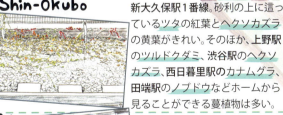

みちくさ暦

日々の暮らしで出会うみちくさ

この暦は、2015年3月から翌年の1月にかけて「このは」取材班が出会った**みちくさ**の記録だ。**みちくさ**をする道は、人それぞれ。十人十色の道のすべてを網羅することはできないが、僕の歩く道にはどんな**みちくさ**があるのか知りたくなった。南関東を巡ったので、「うちの近くでは違ったよ」ということがあるかもしれない。また、紙幅の都合で全種類は取り上げられないのが残念だ。ほんの一例ではあるが、それぞれの季節の空気、そしてその変化を味わってもらえたらうれしい。そして、あなたなりの「**みちくさ暦**」を作ってくれたら、もっとうれしい。

本書の使い方

❶**学名**：ラテン語でつけられる世界共通の学術名。
❷**和名**：日本語の標準的な名前。
❸**科名**：花の構造や遺伝子情報を元にした共通する特徴を持つグループ。
❹**花期**：標準的な開花している時期。
❺**分布・原産地**：日本原産の場合は生えている地域。外国産の場合は原産地。
❻**みちくさスポット**：生えている環境を表示。「道路」「線路」「草むら」「空き地・駐車場」「フェンス」「石垣・壁」の６タイプ（12～17 頁を参照）。
❼**解説**：特徴や利用法、名前の由来など、見どころをわかりやすく解説。
❽**生態写真**：都市の中で実際に生えている様子を紹介。
❾**写真解説**：写真を元に、生えている環境を詳しく解説。
❿**五感ポイント**：見分けるときのポイントや目立つ特徴を拡大写真を使って解説。
⓫**みちくさグラビア**：どんな道ばたの雑草も、見違えるほど美しく。スタジオで撮影したみちくさのグラビア。
⓬**観察時期**：4 つの色は春、初夏、夏、秋を示す。それぞれの植物の写真がその時期の状態を指しているが、必ずしも開花期ではなく、見ごろを示している。

用語集

本文ではなるべく平易な言葉で解説をするように努めたが、やむを得ず一部専門用語を用いた。

わからない言葉があった場合は、こちらの用語集を参照のこと。

《原産地》
在来種／外来種：本書では明治以前から日本に生えている植物を在来種。明治以降、人間の活動によって外国から渡来し定着した植物を外来種と呼ぶ。
特定外来生物：外来生物法に基づき、環境省が指定している外来種。生態系、人の生命・身体、農林水産業へ被害を及ぼす種類、及ぼす可能性のある種類が指定されている。
コスモポリタン：汎存種とも。全世界に広く分布する種。

《生育の様式》
一年草：発芽してから枯れるまでが 1 年以内の草。
越年草：一年草のうち、秋に発芽して越冬し、翌年に枯れる草。
多年草：発芽してから複数年生きている草。

《花や種》

花序（かじょ）：花が集合したかたまりのこと。種類によって独特の形状がある。

頭花（とうか）：キク科などに特有の花序。「総苞片（そうほうへん）」という萼（がく）のような器官に多数の花が包まれ、花序全体がひとつの花のように見える。花序の周縁部にある舌状の花びらを持つ花を「舌状花（ぜつじょうか）」、中心部にある舌状の花びらを持たない花を「筒状花（とうじょうか）」と呼ぶ。種類によっては舌状花を欠くこともある。

蜜標（みつひょう）：花の中心部にしばしば見られる、蜜のありかを示す模様。

苞（ほう）：萼とは別に、花や花序を包むように発達した葉に似た器官。サトイモ科の花には、独特の仏像の後背のような「仏炎苞（ぶつえんほう）」がついている。

自家受粉／他家受粉：花が自らの花粉で受粉することを自家受粉、ほかの花の花粉の場合は他家受粉。
エライオソーム：スミレなどの種子にある甘みの強い付属体。
胞子：シダ植物などの生殖細胞。湿った場所で発芽する。

《葉や茎、根》

根生葉（こんせいよう）／茎葉（けいよう）：地面近くに生える葉を根生葉、茎につく葉を茎葉という。

葉柄（ようへい）：葉っぱの柄の部分。

地下茎（ちかけい）：地下にもぐるタイプの茎。いわゆる芋や球根なども含まれる。

匍匐茎（ほふくけい）：草の中心部から外側へ、地面を這うように伸びる増殖のための茎。

《病気》
うどんこ病：ウドンコカビ科のカビにより、植物の表面が白い粉をかけたような状態になる病気。

掲載種みちくさ一覧

ここでは、散歩中に見かけた植物がこの本に載っているかどうか確かめられるように、花の写真を一覧にした。華やかな花は前に、地味な花や木の実、葉などが見どころの植物は後ろにして、科ごとのまとまりにしてある。

ペラペラヨメナ(p.85)　チチコグサモドキ(p.46)　イヌガラシ(p.57)　ウシハコベ(p.45)　マツバウンラン(p.54)　ヒメスミレ(p.30)

コセンダングサ(p.94)　ノボロギク(p.49)　カントウタンポポ(p.36)　カラスノエンドウ(p.40)　オオバコ(p.55)　スミレ(p.31)

シロノセンダングサ(p.94)　ジシバリ(p.53)　セイヨウタンポポ(p.36)　スズメノエンドウ(p.40)　ヘラオオバコ(p.55)　タチツボスミレ(p.31)

アメリカセンダングサ(p.94)　ハキダメギク(p.58)　アイノコセイヨウタンポポ(p.36)　カスマグサ(p.40)　ツボミオオバコ(p.55)　アメリカスミレサイシン(p.32)

オオオナモミ(p.95)　ノゲシ(p.60)　オニタビラコ(p.37)　シロツメクサ(p.43)　キュウリグサ(p.35)　コスミレ(p.32)

セイタカアワダチソウ(p.101)　ヒメムカシヨモギ(p.61)　ブタナ(p.37)　ムラサキツメクサ(p.43)　オランダミミナグサ(p.35)　アリアケスミレ(p.33)

ヨモギ(p.104)　オオアレチノギク(p.61)　ハルジオン(p.41)　クズ(p.73)　ミミナグサ(p.35)　オオイヌノフグリ(p.34)

アメリカタカサブロウ(p.104)　アレチノギク(p.61)　ヒメジョオン(p.41)　ヤハズソウ(p.96)　ノミノツヅリ(p.44)　イヌノフグリ(p.34)

ブタクサ(p.105)　アメリカオニアザミ(p.76)　ハハコグサ(p.46)　ナズナ(p.41)　ツメクサ(p.44)　タチイヌノフグリ(p.34)

オッタチカタバミ(p.42)　オオキンケイギク(p.76)　チチコグサ(p.46)　ミチタネツケバナ(p.47)　ハコベ(p.45)　フラサバソウ(p.34)

カタバミ(p.42)　ハルシャギク(p.76)　ウラジロチチコグサ(p.46)　ショカツサイ(p.49)　コハコベ(p.45)　ツタバウンラン(p.48)

イヌタデ(p.93)　イヌホオズキ(p.75)　カキドオシ(p.66)　ナガミヒナゲシ(p.63)　コナスビ(p.78)　アカカタバミ(p.42)

オオイヌタデ(p.93)　ヒヨドリジョウゴ(p.75)　ウリクサ(p.56)　タケニグサ(p.77)　スベリヒユ(p.79)　ウスアカカタバミ(p.42)

イタドリ(p.99)　ケチョウセンアサガオ(p.85)　トキワハゼ(p.56)　ゼニアオイ(p.85)　ハナスベリヒユ(p.79)　オオキバナカタバミ(p.43)

ヤセウツボ(p.65)　ヨウシュヤマゴボウ(p.98)　アレチハナガサ(p.77)　キキョウソウ(p.64)　ハゼラン(p.79)　ベニカタバミ(p.43)

アイナエ(p.96)　ヤエムグラ(p.59)　ヤナギハナガサ(p.77)　オシロイバナ(p.84)　コマツヨイグサ(p.60)　ムラサキカタバミ(p.43)

トウダイグサ(p.39)　ヘクソカズラ(p.70)　シチヘンゲ(p.84)　セリバヒエンソウ(p.48)　メマツヨイグサ(p.60)　ヘビイチゴ(p.48)

ニシキソウ(p.97)　ザクロソウ(p.79)　オヤブジラミ(p.66)　センニンソウ(p.105)　ユウゲショウ(p.64)　コケオトギリ(p.56)

コニシキソウ(p.97)　クルマバザクロソウ(p.79)　ヤブジラミ(p.66)　ホトケノザ(p.38)　アメリカフウロ(p.62)　メキシコマンネングサ(p.63)

エノキグサ(p.97)　ヒメツルソバ(p.64)　ドクダミ(p.58)　ヒメオドリコソウ(p.38)　ヒメフウロ(p.62)　コモチマンネングサ(p.63)

チドメグサ(p.78)　ギシギシ(p.66)　ワルナスビ(p.74)　キランソウ(p.47)　ゲンノショウコ(p.93)　ツルマンネングサ(p.63)

ヒメチドメ(p.78)　ミチヤナギ(p.93)　タマサンゴ(p.74)　トウバナ(p.66)　ムラサキケマン(p.47)　オカタイトゴメ(p.64)

アカメガシワ(p.80)　コツブキンエノコロ(p.91)　チガヤ(p.65)　カラスビシャク(p.53)　キカラスウリ(p.71)　ノチドメ(p.78)

クサギ(p.80)　チカラシバ(p.92)　シナダレスズメガヤ(p.65)　ネジバナ(p.54)　アレチウリ(p.72)　コミカンソウ(p.83)

キリ(p.81)　カゼクサ(p.92)　アオカモジグサ(p.65)　ツユクサ(p.52)　カラスウリ(p.103)　ナガエノコミカンソウ(p.83)

シマトネリコ(p.81)　チヂミザサ(p.95)　メヒシバ(p.82)　ミドリハカタカラクサ(p.85)　アオツヅラフジ(p.103)　ゴウシュウアリタソウ(p.82)

クスノキ(p.81)　ススキ(p.100)　クシゲメヒシバ(p.82)　ハナニラ(p.48)　ヤブカラシ(p.71)　シロザ(p.98)

スギナ(p.39)　セイバンモロコシ(p.101)　オヒシバ(p.83)　ノビル(p.49)　ノブドウ(p.102)　イノコズチ(p.99)

オニヤブソテツ(p.86)　メリケンカルカヤ(p.105)　シマスズメノヒエ(p.84)　ニラ(p.63)　キレハノブドウ(p.102)　ホナガイヌビユ(p.105)

イヌワラビ(p.86)　スズメノヤリ(p.47)　アキノエノコログサ(p.90)　ハタケニラ(p.63)　エビヅル(p.102)　クワクサ(p.97)

イノモトソウ(p.86)　クサイ(p.57)　エノコログサ(p.91)　シンテッポウユリ(p.77)　ヤマノイモ(p.103)　カラムシ(p.104)

ホウライシダ(p.86)　ヒメクグ(p.52)　ムラサキエノコロ(p.91)　スズメノカタビラ(p.39)　ニワゼキショウ(p.55)　ヒルガオ(p.59)

カニクサ(p.104)　カヤツリグサ(p.84)　キンエノコロ(p.91)　コバンソウ(p.49)　オオニワゼキショウ(p.55)　カナムグラ(p.72)

春

陽光、うららか

早春は、霜降る季節のうちにあらかじめ用意されているものである。寒さに震える人々を尻目に、規定の温度に達すれば植物は花を開いていく。

寒の戻りがあって傷んでも、あとから、あとから、たゆまず花開く。そして、いよいよ木々が芽吹くころ、坂道を転がり落ちるように加速度的に春が走り出す。

スミレ――路上に咲く春の女神

早春、まだ目覚めたばかりの風景はいまだに冬枯れの少し寂しい空気に包まれている。ましてや、**みちくさ**の暮らす都市部は凍てついたコンクリートにおおわれて、春がどこにあるのか見当もつかないかもしれない。けれども、そんな寂しい風景に、小さなきらめきが花開く。スミレたちだ。彼女たちは、道路の隙間でタバコの吸い殻や誰かの髪の毛にまとわりつかれながら、強い引力を放ってそこにいる。背はとても低いので、うっかり見過ごしてしまいそうだ。時にはしゃがみ込んで、正面から鑑賞してもらいたい。スミレの花はまるで人の顔のようで、向きによってさまざまに表情を変える。視線を**みちくさ**の高さにまで下げられる人だけが、春の女神の美貌《びぼう》に触れることができるのだ。

どこに根を張っているのかと思うような道路の隙間や土がむき出しの明るい庭園にも生きる。

原寸

五感ポイント

え、こんなに？というくらい小さな花。1cmほど。

ヒメスミレ

Viola inconspicua subsp. *nagasakiensis*

スミレ科

花期 3〜5月

分布 本州、四国、九州

道路

空き地 駐車場

名前のとおり、小さい。気を抜いて歩いていると見落としてしまう。とにかく道路の隙間が大好きで、人家がないとめっきり数が減る都会派である。条件が合えば、次々に増えるのは、タネに甘みのある付属体「エライオソーム」があって、これを目当てにアリがタネを運んでくれるからだ。おかげで、年によって咲く場所がころころと変わる。

スミレ

Viola mandshurica var. mandshurica

スミレ科

花期 3～5月

分布 日本全土（南西諸島除く）、朝鮮、中国、ウスリー

道路　空き地 駐車場

都会よりも、ちょっとだけ田舎に行くと多い気がする。道路族スミレの中でも、スレていないほうなのだろう。色や形がそっくりなヒメスミレに比べると、大ぶりな花がたおやかである。

道路の隙間から畦道まで、道ばたに出没する。花色は変化に富み、もっと濃い紫や白花もある。

五感ポイント

葉柄と葉が一体化している。

タチツボスミレ

Viola grypoceras var. grypoceras

スミレ科

花期 2～5月

分布 日本全土、台湾、朝鮮、中国

草むら　石垣 壁

日本でもっともポピュラーなスミレである。生育する環境は幅広く、明るい雑木林の木々の下で生えているかと思えば、土手に群れていたり、U字溝の隙間にいたりする。顔が広くて神出鬼没が身の上である。色や形は変化に富み、見つけるたびに写真を撮りたくなってしまうほどだ。花が終わると茎がどんどん伸びて、10～20㎝ほどになる。

雑木林や木陰の土手の常連だが、湿り気があれば、ときには舗装の隙間にも生える。

五感ポイント

ハート型の葉は、花がなくても目立つ。

アメリカスミレサイシン

Viola sororia

スミレ科

花期　4～6月

原産地　北アメリカ東部

道路　草むら

園芸で植えられていたものが脱走した外来種。ワサビのような根が発達するため非常に丈夫で、花壇の花としては重宝する。だが、花は大ぶりな上に色が派手めで、好みが分かれる花でもある。園芸品種も多く、〝プリセアナ〟〝スノープリンセス〟などが代表的である。

原種に近い株。鮮やかな紫に、真ん中の白がとても目立つ。

スノープリンセス（*Viola sororia* 'Snow Princess'）／白花品種。全体が淡い緑色で、真っ白な花をつける。

プリセアナ（*Viola sororia* 'Priceana'）／代表的な品種。白を基調に、青紫色のぼかしが入る。

春

コスミレ

Viola japonica × V. variegate var. nipponica

スミレ科

花期　3月下旬～5月

分布　北海道、本州、四国、九州

道路　空き地 駐車場

「小」スミレという割に、小さくない。それどころか、スミレよりも大きいときすらある。名は体を表さない好例である。スミレやヒメスミレに比べるとやや日陰の湿っぽいところを好む。日当たりがよいと花がたくさんつき、玉のように見えることもある。

葉の色合いが全体に黒みがかって独特の雰囲気を醸し出す。神社やお寺に多いような気がする。

五感ポイント

葉はつやがなく幅広い。葉柄ははっきりする。

園芸スミレを利用したチョウ

今や日本の園芸には欠かせない1年草のスミレ科植物、パンジーとビオラ。とくに冬場の花壇や寄植えにはよく植えられ、花色も豊富だ。ヨーロッパ原産の*Viola tricolor*をベースに複数の原種を交配して作られた園芸品種群で、日本では大きなものをパンジー、小さいものをビオラと呼んで区別する。ただ、実際はその差は曖昧で、あくまで流通する上での通称だ。かれらはときどき、こぼれタネで路上に逃げ出している。かれらが広く普及したことで、ちゃっかり得をした生き物がいる。スミレ類を幼虫の食草（67頁）としているツマグロヒョウモンというチョウだ。近年、都市部に大量に植えられるパンジーとビオラのおかげで、街中で激増している。花壇やプランターも、れっきとした小さな自然なのだ。

スミレの葉を食べるツマグロヒョウモンの幼虫。

ツマグロヒョウモンの成虫。

意外とよく発芽するパンジーとビオラのタネ。
人知れずみちくさになっている。

Viola betonicifolia var. albescens

アリアケスミレ

スミレ科

花期 4月上旬～5月

分布 本州、四国、九州

道路

空き地 駐車場

純白か薄紫の花に、ピンストライプ。おしゃれなスミレである。田んぼの畦道にも生えるが、環境の厳しい大都会でも悠々と花を咲かせるタフさを隠し持っているダンディーな**みちくさ**だ。

ヒメスミレと並んで過酷な環境に生える。
道路の隙間で驚くほど大株になっていることもしばしば。

五感ポイント
スミレ属に共通。タネが熟すと鞘が3つに割れてタネがこぼれ落ちる。

五感ポイント
葉柄がはっきりしている。

春のさきがけ 日だまりに咲く 宝石たち

早春、朝晩はまだまだ寒く、時には霜さえ降りる季節だ。けれども、昼の風のない瞬間にはっとするような暖かさが訪れる。土手や公園の芝生、駐車場の隅っこが、宝石のようにみずみずしく輝いていたら、そこは日だまりを好む植物たちの陣地だ。かれらはしばしば群れて、カーペットのように地面をおおう。ほかの花がぐずぐずしている間に、先んじて花を咲かせ、動き出したアブやハチたちを独り占めにするのだ。

五感ポイント

果実は陰嚢（ふぐり）の名と違ってふくらまない。

オオイヌノフグリ

Veronica persica

オオバコ科

花期 3〜5月

原産地 西アジア

草むら

空き地 駐車場

すっかり日本に馴染んでしまった外来種である。鮮やかな青が一面に咲きそろう様は、もはや春の風物詩だ。かわいらしさに摘んで帰っても、花はすぐにぽろりと落ちてしまう。

湿った場所から乾いた場所まで、幅広い環境に生える。乾燥気味だと背が低くなる。

五感ポイント

果実がぷっくりとふくれる様が犬の陰嚢（ふぐり）によく似る。

イヌノフグリ

Veronica polita var. lilacina

オオバコ科

花期 3〜4月

分布 本州、四国、九州、沖縄

道路

空き地 駐車場

すっかり外来種のオオイヌノフグリに押されて影の薄い在来種である。花は非常に小さく目立たない。ほかの草が生えない開けたところを好み、石垣や道路の隙間、砂利の間に好んで生える。もしも見かけたら、その場所の持ち主に抜かないように伝えてほしい。

（上）**タチイヌノフグリ**／茎が立ち上がりにぎやかに群れるも花は非常に小さい。花が桃色の個体も見られる。

（下）**フラサバソウ**／花はオオイヌノフグリよりも控え目で、全体に白い毛がふさふさしているのがよく目立つ。

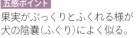

オランダミミナグサ

Cerastium glomeratum

ナデシコ科

花期 4～5月
原産地 ヨーロッパ

道路　草むら　空き地駐車場

すっくと立ち上がり、体操選手が腕を伸ばすかのように枝を伸ばしているので、群れているとなかなか壮観だ。色も淡く、花が終わってタネを落としても枯れ残っているので、何かと存在感がある。明治末期に渡来。

五感ポイント
花弁の先が2つに分かれているのが、オシャレポイントだ。

五感ポイント
短くて少し粘り気のある毛におおわれている。埃やゴミがつきやすく煤けている。

ミミナグサ／オランダミミナグサに押されてめっきりいなくなった在来種。全体に色が濃く、茎も暗紫色。葉をネズミの耳に例えたのが「耳菜草」の名前の由来。

タフで幅広い環境に生えるが、道路の隙間よりはやや湿った吹き溜まりを好むようだ。

キュウリグサ

Trigonotis peduncularis

ムラサキ科

花期 3～5月
分布 日本全土

道路　草むら　空き地駐車場

なよなよとしていながら、明確な意志をもって斜め上に花茎を伸ばす**みちくさ**である。花はごく小さいため、しばしば咲いていること自体に気がつかない。しかし、虫眼鏡で拡大してみるとびっくりするほどおしゃれな花が咲いていて、見る人を虜にする。

駐車場の砂利から草むらまで、幅広い環境に生える。乾燥気味だと全体に赤みを帯び、背も短い。

五感ポイント
葉をもむとキュウリの匂いがするのが名前の由来。それも昔からあるぱりっとしたキュウリの匂いがする。

タンポポ――春をつくる黄色

季節によって、目立つ花の色というものがある。春、しかも春分以降のうららかな日射しの中でひと際輝いているのは、間違いなくタンポポをはじめとしたキク科ニガナ亜科の黄色の花々だ。かれらの花は、小さな舌状花《ぜつじょうか》という花の集合体で、みずみずしい花を十重《とえ》二十重《はたえ》に重ねて、あでやかな花笠をつくる。この花笠の常連客はハチや小型のチョウたちだ。ぶんぶんひらひらと飛び交い、春の季節をにぎやかなものにしてくれる。

タンポポの花は小さな花が多数集まってできている。

春

カントウタンポポ

Taraxacum platycarpum var. platycarpum

キク科

花期 3〜5月
分布 関東、山梨、静岡

道路　空き地駐車場

関東在来のタンポポである。1株でも自家受粉でタネを作れるセイヨウタンポポに対して、2株以上ないとタネができないというハンデもあり、数を減らしている。開発で一度更地になったようなところはセイヨウタンポポばかりなのに対して、古くからの土が掘り返されていない場所に生えることが多い。土地の歴史を教えてくれる植物のひとつである。

総苞片（そうほうへん）

五感ポイント
総苞片が上を向いていて、反り返らない。

五感ポイント
総苞片が下向きに反り返る。

土に生えると大きくなるが、道路の隙間や砂利に生えるときは平たく小さくなる。

セイヨウタンポポ

Taraxacum officinale

キク科

花期 ほぼ1年中
原産地 ヨーロッパ

道路　草むら　空き地駐車場

誰もが知っている春の花ではあるが、このごろはほぼ1年中咲いている。茎はなく、根生葉《こんせいよう》という根元の葉だけが車輪のように並んでいる。葉はどれも鋸《のこぎり》のようにぎざぎざしている。そのためヨーロッパでは「dandelion（ダンデライオン）＝ライオンの歯」と呼ばれる。明治に渡来してこの方、よっぽど日本の居心地がいいのか、在来のタンポポとすっかり交雑し、今や純粋なセイヨウタンポポは見かけなくなってきた。

五感ポイント
葉や茎をちぎると白い乳液が出る。

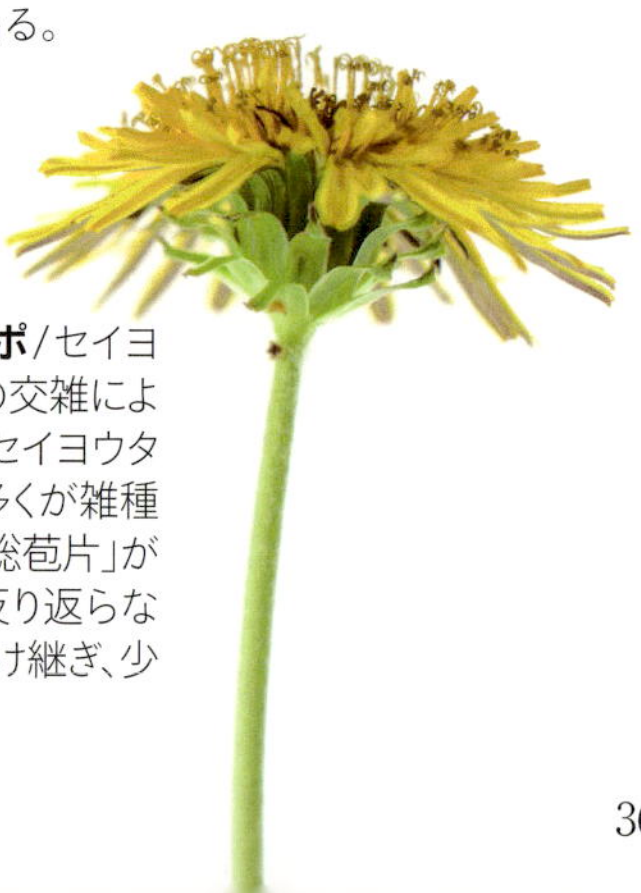

【雑種】アイノコセイヨウタンポポ／セイヨウタンポポとカントウタンポポの交雑によって生まれた雑種のタンポポ。セイヨウタンポポと思われていたものの多くが雑種の可能性がある。頭花を包む「総苞片」が反り返るセイヨウタンポポと、反り返らないカントウタンポポの特徴を受け継ぎ、少しだけ反った総苞片をもつ。

オニタビラコ

Youngia japonica

キク科

花期 5～10月

分布 日本全土

道路　線路　空き地駐車場

みちくさ界きっての鉄人植物。大都会の、どんなに土から遠い場所でも、わずかな泥や隙間を狙って生え、たとえ背が低くても強引に花を咲かせて結実する。かれらのタネは風に乗ってどこへでも飛んでいくことができる。コンクリート屑のアルカリ性にも、灼熱のアスファルトにもめげない。タフさと、可憐さを兼ね備えた美しき鉄人である。近年、形や生育環境が異なるものがアカオニタビラコという別種として区別される。

少し日陰に生え、花茎がたくさん出て、頭花がアカオニタビラコより大きめ。

アカオニタビラコ／紫色がかる花茎が1本で毛が多く、頭花がアオオニタビラコに比べて小さめ。

五感ポイント

「田平子(たびらこ)」の名前のとおり、葉はぺったり地面に貼りついている。

五感ポイント

茎は枝分かれし、複数の頭花がつく。

ブタナ

Hypochoeris radicata

キク科

花期 4～10月

原産地 ヨーロッパ

草むら　空き地駐車場

またの名をタンポポモドキ。油断すると騙《だま》されそうなくらいぱっと見は似ている。根生葉《こんせいよう》が車輪状な点も葉の形もよく似ている。名前は英名のPig weedの直訳だが、豚が食べるかどうかは定かでない。花はほかの図鑑では「初夏から咲く」となっているが、しばしば春から咲く。

春を埋め尽くせ！カーペットなみちくさ

どちらかというと、春に多い花のカーペット。同じ種類の花が、いったいいくつあるのか見当がつかないほど隙間なく咲き誇っている。これは、河原の土手や原っぱのような、土が広めにある場所に出現するカーペットだ。そのカーペット上では、ハチたちがぶんぶんと羽音を鳴らして食事に勤しんでいる。あまりに一面で咲いているので、かえって目に映らず、うかうかと見過ごしてしまいがちだが、目の端に映ったら、ちょっと自分にブレーキをかけて立ち止まってみよう。それにしても、よくもこんなに徒党を組んだものだ……。けれども、5月に入るとこの徒党はあっという間に解散してしまう。日光を、誰よりも早く浴びようと起き出した春先だけのカーペットなのだ。

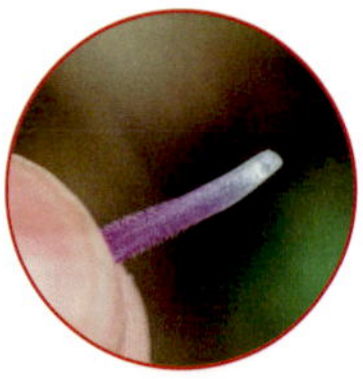

五感ポイント
花を摘んで吸ってみるとわずかに蜜の味がする。

五感ポイント
上の葉は紫がかり、下にいくにつれて緑色になる。

ホトケノザ

Lamium amplexicaule

シソ科

花期 3〜6月
分布 本州、四国、九州、沖縄

草むら　空き地駐車場

遠くで、椿色に染まった地面があったら、きっとこのホトケノザのせいだ。春の花だが、少々慌てん坊で、少しでも暖かくなるとすぐに咲き出すので冬でも見ることがある。花には、濃い紫で模様が描かれており、ハチへのPRに余念がない。葉はちょうど仏像の蓮華座《れんげざ》のようで、これが「仏の座」の名前の由来である。春の七草の仏の座は、まったく別のコオニタビラコのことを指す。

日当たりのよい道ばたや土手に群れている。日陰で湿り気が多いと大ぶりになり、うどんこ病にかかりやすい。

五感ポイント
萼に長い毛がある。

ヒメオドリコソウ

Lamium purpureum

シソ科

花期 4〜5月
原産地 ヨーロッパ

草むら　空き地駐車場

明治時代に渡来した外来種。オオイヌノフグリと並んで、すっかり春の風物詩に収まっている。先のとがった葉が重なり合って、その間から顔をのぞかせるような恰好で、在来のオドリコソウともども、笠をかぶって踊る「踊り子」のような佇まいだ。茎の先になるほど葉色の紫が濃くなり艶やかさが増す。しかも、この踊り子はソロではまず踊らない。大迫力の群舞を見せてくれるのである。

日当たりを好むが、案外日陰にも生える。葉は日向で小さく、日陰で大きくなる。日陰だとうどんこ病によくかかる。

原っぱや土手に生え、日当たりを好む。日陰にはまったく現れない。

トウダイグサ

Euphorbia helioscopia

トウダイグサ科

花期 4～6月

分布 本州、四国、九州、沖縄

草むら　空き地駐車場

目の覚めるような、蛍光色の黄緑だ。小さな花を核に、総苞《そうほう》と呼ばれる特殊な葉が放射状に並ぶ独特の姿は、一度見たら忘れられない強烈なインパクトを与える。実際、トウダイグサをはじめて見たときには、まるでそこだけスポットライトを浴びているように思ったものだ。名前の「トウダイ」は、岬の灯台でなく、部屋の灯りにする「燈台」のほう。野原を明るくする燈台のような花である。

五感ポイント

葉や茎をちぎると白い乳液が出る。

花は小さく、総苞が目立つ。

五感ポイント

つくしからは抹茶パウダーのような胞子がたっぷり出る。

スギナ

Equisetum arvense

トクサ科

花期 2～4月

分布 北海道、本州、四国、九州

草むら　空き地駐車場

「つくし」は、春を告げる使者だ。地面やアスファルトを突き破って現れると、薄緑色の胞子をもうもうと撒《ま》き散らす。撒き終えるころには「すぎな」が現れて、つくしは黒ずんで枯れてしまう。地下茎でつながっているのを確かめるまでは、2つが同じ植物とは信じがたいだろう。雑草としては最悪で、抜いても抜いてもゾンビのように復活する。酸性の土を好むので石灰をまいてやるとよい。

スズメノカタビラ

Poa annua var. annua

イネ科

花期 3～11月

分布 日本全土

草むら　空き地駐車場

芝生を植えたはずなのに、いつの間にか居座っているあいつ。それがスズメノカタビラだ。湿った重たい土を好むので、水はけが悪いとシバに勝ってしまう。コスモポリタン(＝世界市民)と呼ばれるほど世界中に分布する**みちくさ**である。「帷子《かたびら》」とは裏地のない着物のことだが、詳しい語源は不明。草むしりの大敵ながら、生えたばかりのみずみずしい葉は透明感がありとても美しい。

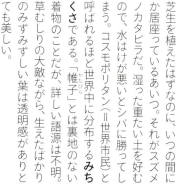

春うらら 花束をつくりに 原っぱへ

昔はどこにでもあった原っぱ。経済成長の中で、空き地というものが減るにつれてすっかり鳴りを潜めた。幸いにして、このごろは公園などになるべく原っぱを作ろうということが多くなり、復活の兆しがある。

春うららの陽気に誘われたら、原っぱに出かけてみよう。カラスノエンドウやハルジオンに出会うことができるかもしれない。徐々に強くなっていく太陽の光を浴びて勢いよく葉を広げ、花を咲かせたかれらを見たら、思わず摘んで花束を作りたくなってしまう。

豆果。エンドウのように食べられるものの、スジ取りは目が疲れる。

カラスノエンドウ

Vicia sativa subsp. nigra

マメ科

花期 3～6月

分布 本州、四国、九州、沖縄

草むら

空き地 駐車場

なにもかも野菜のエンドウを小さくしたような草だ。紅紫色の透明感のある花をたくさんつけながら蔓を伸ばして絡まり合い、やわらかな草むらをつくる様は、小さな森を見るようでもある。豆は熟すと黒くなり、螺旋《らせん》状に弾けてタネを撒《ま》きまらす。タネの発芽がよいため、秋にはびっしり芽生えている場面によく出くわす。

五感ポイント

芽出しのころはやわらかく、豆苗のように食べることもできる。

(上)**カスマグサ**／「カラス」と「スズメ」の「間の」大きさということで、カスマグサ(かす間草)という名がついた。さすがに少し、気の毒な名前だ。(下)**スズメノエンドウ**／エンドウの親戚でいちばん小型のもの。花はわずか3～4㎜と極小サイズ。

左からカラスノエンドウ、カスマグサ、スズメノエンドウ。

ハルジオン

Erigeron philadelphicus

キク科

花期 4〜8月

原産地 北アメリカ

大正時代に渡来した外来種。元来は、観賞用であった。今や、すっかり日本中でおなじみとなっている。頭《こうべ》を垂れるようにしてつく蕾《つぼみ》から、デージーにも似たまんまるな頭花が咲く。春の草摘みや花かんむりの常連でもある。全体に白い毛が生えており、葉も黄緑色でやわらかさが大きな特徴だ。

草むら　空き地 駐車場

五感ポイント

全体にヨモギに似たよい香りがする。

茎を折ると中が空洞になっている。

早春には根生葉だけだったものが、龍の昇天のように鎌首をもたげて花茎を高く伸ばす。

ヒメジョオン

Erigeron annuus

キク科

花期 4〜10月

原産地 北アメリカ

ハルジオンによく似ていて、慣れないと見分けがつかずに思い悩んでしまう。同じ場所ならヒメジョオンのほうがあとから咲くため、春はハル、初夏以降はヒメと覚えても大きくは違わない。また、なよなよとうなだれているハルジオンに対して、ヒメジョオンはしゃきっと張った茎だ。頭花、とくに蕾は淡く紫がかり、夕暮れなど薄暗いときに見るとぼうっと浮かびあがって見える。

草むら　空き地 駐車場

ナズナ

Capsella bursa-pastoris

アブラナ科

花期 3〜6月

分布 日本全土

春の七草のひとつ。「ナズナ摘み」という言葉のイメージとは違い、花は小さく花を摘むのは難しい。車輪のように並んだ葉は、切れ込みが深い羽根のような姿をしていて、その真ん中からすっくと茎が立ち上がり、白く小さな花を咲かせる。ハート形の果実のかわいらしさは格別だ。

草むら　空き地 駐車場

五感ポイント

ハート形の果実を三味線のばちに例えて「ぺんぺん草」という。

似てるけど草違い！3つ葉の人気者

葉のデザインが似ているので、一緒くたにされてしまうが、花を見ると、じつはぜんぜん違うカタバミとシロツメクサ。人違いならぬ、草違いは日常茶飯事。1つの葉が3つに分かれるだけなのに、その調和のとれた形に昔から人は魅せられてきた。ちょっと小瓶に飾っても様になる点対称の形は、生まれながらのすぐれたロゴマークなのである。いずれも旺盛な繁殖力で、カーペットのように地面をおおっていく。勢力の拡大も、タネで進軍するもの、匍匐茎《ほふくけい》で匍匐前進するもの、球根で増殖するものと多彩だ。

クローバーとして馴染み深い、シロツメクサの葉。

花咲くころのオッタチカタバミはまだおとなしい。花が終わるとぐんぐん茎を伸ばして倒れ込むほど。

Oxalis dillenii

オッタチカタバミ

カタバミ科

花期 5〜7月

原産地 北アメリカ

道路　線路　空き地駐車場

勇気ある命名である。しかし、在来のカタバミが這い回っていることを思うと、たしかに「おっ立っている」**みちくさ**である。その立ち姿は凛々しささえ漂う。しばしばカタバミと混生し、おそらく雑種も生まれている。カタバミに比べ全体に毛が多い。葉と花は日がかげると閉じて睡眠する。

春

五感ポイント

シュウ酸を含むため、葉をかじるとすっぱい。ハーブとして売られることもある。

五感ポイント

果実は鞘状になり、熟すとぱちんと弾けてタネを飛ばす。

五感ポイント

さまざまな色合いが楽しいカタバミの葉。

カタバミ／在来種だが、世界中に分布するコスモポリタン。茎は立ち上がらず這う。

(上)**アカカタバミ**と(下)**ウスアカカタバミ**／葉が赤紫色のアカカタバミや、緑に少し赤が混じったウスアカカタバミなど変化が多く、混ざり合って生える様子はモザイク画を見ているようだ。

シロツメクサ

五感ポイント
はちみつの蜜源になる。甘い香りはハチならずとも惹かれる。

匍匐茎で次々に広がっていき、カーペットのように地面をおおう。

シロツメクサ
Trifolium repens

ムラサキツメクサ
Trifolium pratense

マメ科
花期 4〜9月
原産地 ヨーロッパ

草むら
空き地 駐車場

それぞれ江戸時代から明治にかけて渡来した牧草。そのかわいらしい葉と、かぐわしい蜜の匂いのする花によってすっかり春に欠かせない**みちくさ**となった。ツメクサの「ツメ」は「爪」ではなく「詰め」のことで、陶磁器の緩衝材に使われたことに由来する。小さな花の集合体で、外側から内側に向かって咲き進んでいく。終わりかけは茶色く枯れた花がぶら下がる。シロツメクサは芝生の代わりに土手や公園に植えられるが、寝転がると緑色の汁が服についてしまうのが玉に瑕《きず》。ムラサキツメクサはより大柄で、白くてやわらかな毛が全体に生えている。

ムラサキツメクサ

園芸カタバミ

カタバミの仲間は、多くの種類が園芸に使われ、しばしば野生化している。

Oxalis brazliensis
ベニカタバミ／南米原産。艶やかでむちむちっとした厚手の葉が印象的。土手や道ばたをおおうように生える。
花期 4〜5月

Oxalis pes-caprae
オオキバナカタバミ／南アフリカ原産。葉は形のよい横長のハートが3つ合わさったよう。植え込みや道ばたに葉を茂らせる。**花期** 3〜5月

Oxalis corymbosa
ムラサキカタバミ／南米原産。花も葉も薄い色合いで、なよなよとしている。地下のむかごで増えるため厄介な雑草。**花期** 2〜10月

路上に咲く星という名の可憐なみちくさ

白くて小さな、星のような花を咲かせるのはナデシコ科の**みちくさ**だ。ナデシコ科というと、ナデシコやカーネーションが注目されるが、道ばたに生えるのはこうした小さな花々だ。中でもハコベは、学名 *Stellaria* がラテン語で「星」を意味する。生える場所はじつにさまざまで、ツメクサやノミノツヅリは乾燥に強く、道路の隙間でたくましく生きているし、ハコベの類は少しじめじめとしたところに群れている。しゃがみ込んで眺めてみよう。

五感ポイント
あまりに葉が小さいので、ノミのまとう粗末な布ということで「ノミの綴(つづり)」という。

ノミノツヅリ

Arenaria serpyllifolia

ナデシコ科
花期 3〜6月
分布 日本全土

道路

ほとんど茎だけに見えるほど葉が小さく、花も小さい。あまりに葉が小さいので、周りにほかの植物がある状態では生きていけない。そこで、だいたい道路の隙間か、草があまり生えていない砂利敷きなどに生えている。孤高の**みちくさ**である。花びらが裂けないところでハコベと区別する。

五感ポイント
果実が熟して黒いタネの現れる様子をよく見かける。

ツメクサ

Sagina japonica

ナデシコ科
花期 3〜7月
分布 日本全土

道路
空き地 駐車場

小さな**みちくさ**である。とがった葉が弓なりに反っていて、あたかも鳥の爪のようなのでこの名がついた。道路や、じめじめした固い土にコケのように貼りついているので、気をつけないとコケの1種と思われてしまいそうだ。しょっちゅう人に踏まれるような過酷な場所に好んで生える。花はとても小さく、ときに花びらも退化している。

ハコベ三兄弟

湿り気のあるところにもじゃもじゃと絡まりながら生えていて、水分を多く含んでしゃきしゃきとしている。花びらは5枚だが、あたかもウサギの耳のように2つに分かれていてかわいらしい。茎がどこまでも這って増えるので、引き抜いてきて、小鳥や鶏の餌にするのにぴったり。春の七草のひとつでもある。歯磨きの材料としても使える。

湿った日陰に群れるため、なかなか存在感がある。

コハコベ

Stellaria media

ナデシコ科

花期 3～9月

分布 日本全土

道路　草むら　空き地駐車場

1年草。ヨーロッパ原産の外来種で、世界中に帰化している。葉が小さく、茎は紫色を帯びることが多い。

ハコベ

Stellaria neglecta

ナデシコ科

花期 3～11月

分布 日本全土

道路　線路　草むら　空き地駐車場

1年から越年草。卵形の葉がかわいらしい。葉の割に花が小さく目立たない。

五感ポイント

青臭く、埃っぽいような独特な匂いがあり、春の七草の中でも食べにくい。

葉は小さく茎が絡みあって生えているので、一見すると網目のように広がって見える。

盛んに枝分かれし、道ばたの草むらを広くおおう。

ウシハコベ

Stellaria aquatica

ナデシコ科

花期 4～10月

分布 日本全土

草むら

多年草。ハコベに比べ全体に大ぶり。葉が少し縮れたようになっているのも特徴的。

華やかなハハ 地味なチチ

葉や茎が白い毛でおおわれている**みちくさ**のグループがある。ハハコグサの仲間たちだ。ヨモギを使う草餅も、元々はハハコグサを使ったものらしい。ハハコグサ(母子草)は黄色の花が鮮やかで、道ばたに咲いていても目に止まるのだが、チチコグサ(父子草)をはじめとした「チチ(父)」がつく種類は、地味な茶色の花で、とにかく目立たない。けれども、固まって咲いている様子は、少しだけエーデルワイスのようでかわいらしいのだ。ぜひ、チチにもご注目願いたい。

ハハコグサ

Pseudognaphalium affine

キク科

花期 4～6月
分布 日本全土

土がむき出しのところによく生えていて、公園や歩道の植え込みの常連である。開花時期は、このごろいい加減で、1年中咲いているようだ。春の七草「ゴギョウ」は、このハハコグサを指す。

草むら 空き地駐車場

春

チチコグサ

Euchiton japonicus

キク科

花期 5～10月
分布 日本全土

地味な花の父。背も短い。よく刈り込まれた芝生や、土手の明るい場所に生える。

草むら 空き地駐車場

小さな茶色い頭花が集まって先端についている。地味だ。

ウラジロチチコグサ

Gamochaeta coarctata

キク科

花期 4～8月
原産地 南アメリカ

チチコグサとハハコグサより都心部で大成功を収めている。ビルの隙間やちょっとした植え込みなど、どこにでも現れる。

道路 空き地駐車場

チチコグサモドキ／「チチコグサ」とつく外来種は、いろいろな種類が入ってきている。チチコグサモドキはチチコグサよりも葉が広く大柄で、花の数も多い。

覚えておきたい春のみちくさ

みちくさの春は、黄色と落ち着いた紫の花、
そして白い花がちょっとだけ。小さく、ひそひそと春を告げてくれる。

※開花時期の早いものから順に紹介。

スズメノヤリ

Luzula capitata

イグサ科

花期 4~5月

分布 北海道、本州、四国、九州

道路　空き地 駐車場

花茎の先端に花がたくさん集まってつく様子が、大名行列の先頭の「毛槍」に似ていることからこの名がある。土がむき出しになっているようなよく草刈りされた土手や、石垣など明るい場所を好む。まだ、緑が少ない時期に開花するため、なかなか存在感がある。花は雌しべが先に成熟し、雄しべが追いかけるように成熟する。自家受粉を防ぐための知恵である。

葉の縁に白くて長い毛があり、ふわふわした感じが目立つ。乾き気味の土がむき出しの土手や石垣に多い。

ミチタネツケバナ

Cardamine hirsuta

アブラナ科

花期 早春

原産地 ヨーロッパ

草むら　石垣 壁

在来種タネツケバナは、田んぼなど湿った場所に自生し、稲作で「タネを漬けるころ」に咲くことから名づけられた。ミチタネツケバナは、在来種に先駆けて花を咲かせ、街中の湿り気の多い土のある場所ならどこでも生えるたくましさを備えている。ごく小さい背丈でも咲くため、劣悪な環境でも子孫を残すことができるようだ。渋谷や新宿、池袋などの歓楽街でも平然と咲いている。

花の時期に根生葉が残っているのが見分けるポイント。写真丸枠のような、こん棒状の果実も特徴。

ムラサキケマン

Corydalis incisa

ケシ科

花期 4~6月

分布 日本全土

草むら　空き地 駐車場

紅紫色の花は、後ろが袋状になって突き出る独特な形をしている。奥にある蜜を吸おうと、ハチなどの昆虫がもぐり込むと花粉が背中につく仕組みだ。タネにはスミレと同様に甘い付属物があってアリに運ばれるので、思いもよらない場所から生えてくる。少し湿ったやや日陰の環境を好んで生える。雑木林に多いが、都市部でも生き残っている。

透明感のある赤紫の花は人気だが、全体に水気が多く形が崩れやすい。葉が食用となるセリ科植物に似ており、誤食には要注意。

キランソウ

Ajuga decumbens

シソ科

花期 3~5月

分布 本州、四国、九州

草むら　石垣 壁

地面にへばりつくように生えるので、別名を「地獄の釜の蓋」とも言う。薬効があって、病気にならず地獄行きを免れるからという意味だが、効果のほどは定かでない。明るく、土が見えるようなところを好み、ほかの草が茂ると姿を消す。日当たりがよいと、匍匐茎《ほふくけい》を出してどんどん陣地を広げていく。石垣にも多い。濃い紫色の花はかわいらしく、近い種類では園芸植物として流通するものもある。

日当たりがよいと花が多くつき、葉が小さい。日陰だと花は少なく、葉が大きくなる。毛が多くやわらかい印象。

Ipheion uniflorum

ハナニラ

ヒガンバナ科

花期 4〜5月
原産地 アルゼンチン

草むら
空き地 駐車場

ちょっと草むらを歩いていて、急にニラの臭いに襲われることはないだろうか？　草むしりだとさらに強烈なパンチがやってくる。花のない時期のハナニラは、さながら地雷のように潜んでいる。明治時代ごろ観賞用に渡来し、今でもさまざまな園芸品種が売られている。繁殖力旺盛で、野に放たれると球根でどんどん増えていく。草むしりにはご用心！

葉は花のあともしばらく残るが、夏が来るころには黄色くなって枯れてしまう。春が近づくと、やおら葉を出し始める。

Potentilla hebiichigo

ヘビイチゴ

バラ科

花期 4〜6月
分布 日本全土

草むら

葉は食用のイチゴにも似るがずっと小振りで、丸っこく黄緑色。茎が地を這って伸びるため、カーペットのように一面黄色い花や赤い果実が広がることもある。果実は食べられなくもないが味はせず、よく子どもはがっかりする。食べるよりも、焼酎に漬けて虫さされに効くスプレーにするほうがよい。やや湿った原っぱや、芝生に混じって生える。

(上)普通のイチゴと違い果実の部分が突起になる。(下)花と葉の大きさがそろっていてかわいらしい。グランドカバーに向く。

Delphinium anthriscifolium

セリバヒエンソウ

キンポウゲ科

花期 3〜5月
原産地 中国

草むら
空き地 駐車場

こう見えて、切り花、花壇の花としておなじみのデルフィニウムの1種である。園芸品種では1m近くになることもあるが、セリバヒエンソウはせいぜい20cmくらいで小ぶりだ。公園の植え込みなど適度に木陰がある明るい場所を好み、しばしば群生してたくさんの花が並ぶ。

(上)星型の花には、後に向かって細長い距(きょ)と呼ばれる突起がある。(下)やや湿り気のある場所で群れていることが多い。

Cymbalaria muralis

ツタバウンラン

オオバコ科

花期 5〜10月
原産地 ヨーロッパ

道路
石垣 壁

密に葉を茂らせて、石垣や道ばたの一角をおおっているのをよく見かける。栽培も増やすのもごく簡単で、あまり手入れのできない隙間に植えるにはぴったりだ。花の下側は3つに分かれていて、金魚の尾ひれのようだ。元々は大正のころに導入され、脱走して日本各地に広がった園芸植物。

「蔦葉(ツタバ)」の名前のとおり、切れ込みの入った葉はツタに似ている。蔓の先端ほど小さい。

ノボロギク

Senecio vulgaris

キク科

花期 ほぼ一年中
原産地 ヨーロッパ

道路 線路 空き地駐車場

黄色い頭花と耳かきのタンポのような白い綿毛が常に一緒についていて、絶えずタネをつくる働き者の**みちくさ**。寿命は1年と短いが、花はほぼ一年中つける。ほかの草が生えていると弱いが、砂利の駐車場、線路わき、果ては高架下まで過酷な環境もものともしない。さらに、全身虫食いになっても花を咲かせてタネをつける姿もよく見られる。姿形はなよなよしているが、しぶとさは一級品である。

乾燥が激しい場所だとコンパクトにまとまり、葉が密に茂るが、日陰だと間延びして弱々しくなる。

ショカツサイ

Orychophragmus violaceus

アブラナ科

花期 3～5月
原産地 中国

草むら

江戸時代に渡来した園芸植物。「諸葛菜」の名前は、諸葛孔明《しょかつこうめい》が兵の食糧として植えさせたという故事による。「オオアラセイトウ」「ムラサキハナナ」など異名も多い。渡来が古いためか、すっかり日本の風景に馴染んでおり、やや湿った土に生える。寺社や庭園などでは春の見どころにもなっている。

(上)アブラナ科なので花びらは4枚。生で食べられるためサラダやつけ合わせに。(下)葉も食べられる。日陰で群生する。

コバンソウ

Briza maxima

イネ科

花期 5～7月
原産地 地中海地方

線路 草むら 空き地駐車場

細い軸にぶら下がる小判? 一度見たら忘れられない**みちくさ**だ。明治時代に観賞用として導入され広がっている。穂は、はじめ閉じていてつるっとしたボールのようだが、やがて開きはじめるとやわらかい印象となり、小判というより草鞋《わらじ》がぶら下がっているよう。色は緑から黄金色、やがて茶色に変化する。

過湿でない限りは幅広い環境に生えるが、造成直後のような年月を経ていない土を好むようだ。普通群生する。

ノビル

Allium macrostemon

ヒガンバナ科

花期 5～6月
分布 日本全土

草むら 空き地駐車場

草むらを歩いていて、どこからともなくネギの匂いがしたら、ノビルのせいに間違いない。もっとも身近にあるネギで、都心だろうとどこだろうと、公園の一角にびっしりと生えているのに誰にも見向きもされない。じつは、葉も、タマネギのような小さな球根も、優秀な食材なのだが……。

(上)花は白から薄紫。あまり結実しない。(下)冬場は頼りない葉がふさふさ生えているが、春の花のころになるとしっかりとした葉が登場する。

初夏

青葉薫る

木々の青葉が、その和毛《にこげ》を落としてみずみずしい緑に輝くころ、「みちくさ」たちの夏は早くもはじまっている。春の名残を楽しむ間はあまりない。むしろ錯綜《さくそう》するほど春と夏の花々が入り交じり、花粉を運ぶ虫たちの旺盛な食欲を満たすべく、至るところで饗宴《きょうえん》がうち続く。

田んぼの草 都市にて奮闘す

都市とは拡大する生き物である。縄文時代には、海水面が今より高く、古代の都市は高台に築かれたが、時代が下れば活動しやすい平地へと都市は移っていった。田んぼは真っ先に埋め立てられ、次々に住宅やビルになった。哀れ田んぼの草たちは滅びたか……と思いきや、さにあらず。かれらはわずかでも湿っぽい土があればそこを根城に生き残り、あるいは周辺地域から進出して、再び田んぼの国を作ろうと、未だ意気軒昂である。六本木ヒルズの「屋上水田」のように、都会の人の田舎趣味が高じて田んぼが増えれば、ようやくかれらの大願成就の時だ。

五感ポイント

花びらを集め水の中でつぶすと淡い青色の水ができるが、翌日には消えてしまう。

白花のツユクサ。花色は鮮やかな青が基本だが、さまざまな色が現れる。

初夏

ツユクサ

Commelina communis var. *communis*

ツユクサ科

花期 6~9月

分布 日本全土

盛んに茎を這わせて広がる、丈夫な草だ。優美な名のとおり、露とともに朝方咲くことが多い。日射しが厳しくなると、花はくしゃくしゃと縮んでしおれてしまう一日花である。貝のような苞《ほう》から、また次の花が現れる。花びらは大きく2枚。じつはもう4枚ひっそりとつけてはいるが、ほとんど目立たない。強さと儚《はかな》さを併せもつ、魅力的な**みちくさ**である。

草むら

ヒメクグ

Kilinga brevifolius var. *leiolepis*

カヤツリグサ科

花期 7~10月

分布 日本全土

いがぐりのような穂を、しゅっと伸びた苞《ほう》が2~3本取り囲む。地味ながら、旧ソビエト連邦の世界初の人工衛星「スプートニク」を思わせる特徴的な形だ。田んぼの畦道によく見られ、ほかの草と混じって密生する。**みちくさ**としては、芝生のじめじめした部分で、シバの代理を勤めていることが多い。

草むら

五感ポイント

ちぎると、ただの青臭い草いきれとは違う、どこか懐かしい薬草のような匂いがする。

五感ポイント
葉や花茎をちぎると、白い乳液が出る。

Ixeris stolonifera var. *stolonifera*

ジシバリ

キク科

花期 4〜6月
分布 日本全土

草むら　石垣壁

「地を縛る」という強烈な名前のとおり、地下茎を張り巡らせて群生する。花がひとつ、というよりは群れて咲くのがジシバリだ。田んぼの畦にとても多いのだが、都市部でも土の湿り気や日当たりなどの条件がそろえば、その見事な群舞を見せてくれる。全体にみずみずしくて頼りない感じで、とくに葉は色も薄くなよなよしていて、スプーンのような形。

Pinellia ternata

カラスビシャク

サトイモ科

花期 5〜8月
分布 日本全土

草むら　空き地駐車場

植え込みや空き地で、緑色のネッシーみたいなものが並んでいたら、それはカラスビシャクの花だ。サトイモ科独特の「仏炎苞《ぶつえんほう》」という器官に包まれた中に雄花と雌花がある。試験管のようになっていて、中に虫が入って蜜を探すと花粉を託される。一見すると食虫植物にも見えるが、見かけだけ。根茎は「半《はん》夏《げ》」という生薬になり、栽培もされる。

花の内部。上が雄花で、下が雌花。

五感ポイント
葉にタマネギのような小さなむかごをつける。

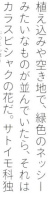

公園でわが物顔 芝生が好きな花

芝生の手入れはたいへんだ。まめな芝刈りはもちろん、肥料をあげたり、土の通気をよくしたり……。そんな人間サマの苦労なんてどこ吹く風。芝生に常駐する芝生びいきの**みちくさ**がいる。完璧な芝生を目指す人には、厄介なことこの上ないが、寛大な気持ちで見れば、花のない芝生にかわいい花が咲くのもなかなかいいものだ。芝生に同化するタイプもいるが、ここでは、ぴょこっと芝生から立ち上がるタイプの**みちくさ**を取り上げた。出会えたら、きっとピクニックが楽しくなるはず。

ネジバナ

Spiranthes sinensis var. amoena

ラン科

花期 5～8月
分布 日本全土

道路 草むら

芝生界の天使。どんな冷徹な庭師も、ついつい抜かずに残してしまうほどの魔力を持つかわいらしさである。どこにでもある身近なものにも関わらず、色や花づきのよいものは、山野草好きなら鉢で育てることもあるほどだ。知らなければランとは気づかれないが、よく見ると、極小のランの花がお行儀よく螺旋《らせん》を描いて並んでいる。できるだけ、近くで見よう。

たまに、濃い色や薄い色の花をつけた個体がいる。

五感ポイント
花は角度を変えるとわずかにキラキラ輝く。

初夏

五感ポイント
金魚の尾びれような花が特徴的。

マツバウンラン

Linaria canadensis

オオバコ科

花期 4～5月
原産地 北アメリカ

道路 線路 草むら

とにかく細い。極限まで細く高く伸びて花を咲かせようとする**みちくさ**だ。おかげで、油断するとこんなに大きいのにどこにいるのか見えなくなることもある。芝生だけでなく、ちょっとした道路の隙間にも生えるが、寿命の短い越年草のこと、タネであちらこちらと放浪して生きている。大きくなれば、株分かれして群れを作ってゆらゆらゆらゆら。少しうらやましい生きかたである。

ニワゼキショウ

Sisyrinchium rosulatum

アヤメ科

花期 5～6月

原産地 北アメリカ

道路　草むら

芝生をはじめ明るい草地に多く、春から初夏にかけて、ビー玉のような球形の蕾《つぼみ》から次々とかわいらしい1.5cmほどの花を開いて風に揺れている。冬場、アヤメやアイリスそっくりな小さなとがった葉を出して春に備えている。これがセキショウに似るためこの名前がついた。明治時代に観賞用に渡来し、広く帰化している。

五感ポイント

桃色の花がほとんどだが、ときどき白い花の個体もある。

五感ポイント

開花の直前には球状の蕾が目立つ。

茎や葉が細いため、群れていても圧迫感がない。

オオニワゼキショウ／ニワゼキショウより背は高いが、花は小さく1cmほど。

オオバコ

Plantago asiatica var. asiatica

オオバコ科

花期 4～9月

分布 日本全土

空き地　駐車場

人がよく踏みつける場所に生えるという奇特な**みちくさ**。土が固いと、オオバコだらけになることもあるくらいだ。タネには粘りがあって、動物の足の裏や靴の裏にくっついて移動するため、時に登山道を通って山頂にさえも生えている。人の足取りを教えてくれる**みちくさ**である。

五感ポイント

花は地味で、とても小さいが、よく見ると飛び出した薄紫の雄しべがかわいらしい。

(上)**ヘラオオバコ**／葉がへら状で、なにより花の雄しべがふさふさしてかわいらしい。ヨーロッパ原産。

(下)**ツボミオオバコ**／花がずっと開かない状態なのでこの名。北アメリカ原産。

あえてじめじめの路傍に咲く

日陰で、しかも土が固くてじめじめ。自分が草ならちょっと嫌だな、という環境も都市の中にはある。けれども、そういう辛そうな環境にもちゃんと居場所を見つける**みちくさ**がいるのだ。悪条件によって、生えているのはかれらだけ。あとはただ黒々と湿った土が広がるばかりという光景だ。まさに日陰者。しかし、かれらの咲かせる驚くほど華やかな花は、決して侮れない。じめじめゆえにタバコやガムを捨てられても、かれらは咲くのを止めはしない。

道路の隙間やむき出しの土に独り生えることも多いが、コケを含め背の低い同志と混生することもしばしば。

トキワハゼ

Mazus pumilus

ハエドクソウ科

花期 4〜11月

分布 日本全土

道路

空き地駐車場

どんなビルの谷間にも、排水溝に溜まった泥にも咲いている。健気という言葉は使いたくない。むしろ「掃き溜めに鶴」という言葉がふさわしい気高さである。金魚の尾びれのような花は、環境によって数を変える。踏まれるような場所で背が低ければひとつ。土がやわらかめで背が高いと、いくつも咲かせる。花には小さいなりに虫を誘い込む蜜標があって、小さなアブなどを呼び寄せている。

ウリクサ／トキワハゼによく似るが、花がいくぶんか素っ気なく、青みが強い。単独も多いトキワハゼに比べ、群れて生えることが多い。

コケオトギリ

Hypericum laxum

オトギリソウ科

花期 7〜9月

分布 日本全土

空き地駐車場

とにかく小さな草である。茎がそれほど伸びていなければ、コケと間違えられてもおかしくないほどだ。おかげで、ほかの草が生えている状態では、まず生き残れない。よく手入れされた庭園や、じめじめし過ぎてコケが生えるような場所に出る。花もあまりにも小さいので、ぜひ虫眼鏡で鑑賞してほしい。

五感ポイント

花は非常に小さいが、拡大すると華やかな山吹色。

原寸

Rorippa indica

イヌガラシ

アブラナ科

花期 4～9月
分布 日本全土

道路　空き地 駐車場

ナズナ（41頁）に似るが、すっくと立ち上がるナズナに比べると、くねくねしている上に、緑も紫がかってくすんでいる。なんとなくひねくれた見た目の**みちくさ**である。けれども、旬を迎えたときの黄色の花は得難いものがある。日当たりによっては金色に輝くからだ。どんな大都会でも、しぶとく隙間に生きる。ベテランの個性派俳優を思わせる花だ。

五感ポイント
果実はトウガラシのような細い棒状 。

Juncus tenuis

クサイ

イグサ科

花期 5～9月
分布 北海道、本州、四国、九州

空き地 駐車場

なんとも損な名前だ。子どもに教えようものなら、すぐに大人気になる不遇の名である。藺草《いぐさ》の小さいものというだけなのだが……。かれらの本領は常に固い土の上で発揮される。車が通るようなガチガチになった土にも平然と生え、繊細な葉と茎を茂らせる様は気品すら感じさせる。小さな果実の先端には雌しべのあとがちょこんととがり、キューピーか波平さんを思わせる。

五感ポイント
膨らんだ果実の先端に、雌しべのあとが残る。

五感ポイント
果実が熟して割れると細かなタネがたくさん出てくる。

みちくさ日陰に群れる

じめじめとした日陰でも、少し土がやわらかいと、背丈もあって葉の大きな種類が出てくる。ちょっとした環境の違いがかれらのすみ家を分けるのだ。どれもみずみずしくやわらかい身体を持ち、植え込みの一角で群れている。単独の美もあるが、集合の美しさのみちくさである。

五感ポイント
一度嗅ぐと忘れられない匂い。東南アジアでは香菜として食卓にのぼる。

ドクダミ

Houttuynia cordata

ドクダミ科

花期 6～7月
分布 本州、四国、九州、沖縄

道路　草むら

ドクダミほど評価の分かれる**みちくさ**も少ない。花はじつに愛らしく、しばしば画題になり、一輪挿しを飾って愛でられる。白い花びらのような部分は苞《ほう》で、黄色い部分が小さな花の集合体である。地下茎を縦横無尽に張り巡らせて繁殖し、大きな群れとなるため、草むしりの相手としては最悪だ。どんなに丹念にむしっても地下茎が残ってすぐに復活する。一方で「十薬《じゅうやく》」と呼ばれ、薬草やお茶として重宝もされる。身近であるゆえに、ひと筋縄ではいかない存在だ。

八重咲きの品種もある。

初夏

ハキダメギク

Galinsoga quadriradiata

キク科

花期 6～11月
原産地 熱帯アメリカ

草むら　空き地駐車場

大正時代に、日本の植物学の父・牧野富太郎博士によって東京都世田谷で発見された由緒ある外来種である。ちなみに、「掃き溜め」というありがたくない名前も博士の命名だ。それを知ってか知らずか、ちょっとした日陰に群れて草むらをつくる。頭花は小さいが、白と黄のメリハリの利いたデザインがかわいらしい。

名前のイメージどおり、やや水分が溜まるような湿ったところに多い。

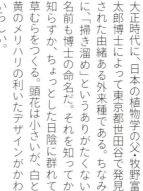

葎《むぐら》の季節のはじまり

春のうちはおとなしい**みちくさ**も、徐々に強くなる日射しに育てられ、ぐんぐん伸びて絡まり合っていく。そんなふうにもじゃもじゃ絡まり合った草を「葎《むぐら》」という。葉が重なり合えば、光合成の効率が落ちるので、強い日射しがなければ葎はできない。もじゃもじゃのはじまりは、夏のはじまりでもあるのだ。

ヤエムグラ

Galium spurium var. echinospermon

アカネ科

花期 5〜6月
分布 日本全土

線路 ／ 草むら ／ 空き地駐車場

どこにでも現れる代表的な「葎」植物。旺盛に伸びて絡まり合う茎には、車輪のように6〜8枚の葉をつける。葉だけでも花のような美しさがある。ほかの植物や自分自身にまとわりついて勢力を拡大していく。花は目立たない緑色で、カスタネットのような果実のほうがよく目立つ。

五感ポイント
茎や葉に、下向きにつく「逆棘（ぎゃくし）」という細かな棘がたくさんあり、ざらつく。そのため葉などは服にくっつく。

丸々とした果実

ヒルガオ

Calystegia pubescens

ヒルガオ科

花期 6〜8月
分布 北海道、本州、四国、九州

線路 ／ フェンス

アサガオ（朝顔）に対して、昼に咲くのでヒルガオ（昼顔）。日射しの強いうちは咲いているので、アサガオのような儚《はかな》さはなく、夏のはじまりを告げる若々しい勢いを感じさせる花。葉は、柄を上にして見ると馬の顔のような形が特徴的。強烈な地下茎で増え、わずかでも土に地下茎の破片があればあっという間に大きくなる。見栄えのする花の割に嫌われる所以《ゆえん》である。

フェンスやツツジなどの低木の植え込みに絡みついて咲いている。蔓は右巻き。

五感ポイント
萼を包む苞が2枚、よく目立つ。

空き地の開拓者たち

自然界では、土砂崩れなどで植物が一掃されて、むき出しの土が現れることがある。日当たりこそよいが、痩せて乾いた過酷な土だ。このとき、最初に生える植物を「パイオニア」と呼ぶ。かれらは一時栄えるが、自分自身の枯れた身体によって土がだんだんと肥えると、次のステージの植物に居場所を明け渡していく。それと同じことが、人間の作り出した空き地でも起こる。宅地造成や住宅の解体で生まれた空き地は、都市の中のフロンティアだ。僕らは知らぬ間に、間近で開拓者たちのドラマを目撃しているのである。

どこにでも生えるノゲシ。防草シートを突き破って生えている。

ノゲシ

Sonchus oleraceus

キク科

花期　4～7月

分布　日本全土

道路　線路　石垣壁

独特の青く灰色がかった緑が美しい、世界中に分布する雑草「コスモポリタン」である。そして、ノゲシは最強の**みちくさ**のひとつだ。線路の砂利、石垣の隙間、屋上の吹きだまり……。風に乗るタネによってどこにでも飛んでゆき、季節を問わず花を咲かせるタフなやつ。その割に、葉や茎はシャキシャキとレタスのような質感で決して強靭な感じではない。あくまでも、しなやかな強さで世を渡るのだ。

五感ポイント

冬は寒さに耐えるため、体内凍結防止用に体内にアントシアンという色素をつくるため、鮮やかな紫色となる。まるでハボタンのような美しさだ。

メマツヨイグサの花。

メマツヨイグサ／こちらも空き地の常連。コマツヨイグサと違って高く立ち上がり、先端に花を次々と咲かせる。花びらに隙間が空くものをアレチマツヨイグサとして区別することもある。

コマツヨイグサ

Oenothera grandis

アカバナ科

花期　4～11月

原産地　北アメリカ東部

道路　空き地駐車場

海岸や駐車場の常連で、わずかな隙間にも根をねじ込んで生えている。立ち上がらず横へ横へ茎を這わせて広がっていくので、時に丸い玄関マットのようになって、舗装をおおい尽くす。「待宵《まつよい》草《くさ》」の名前のとおり、薄暮くらいで花が開きはじめ、翌朝、日射しが強くなるまでは咲いている。咲き終わってしぼむと、赤くなるのも特徴だ。

Conyza canadensis

ヒメムカシヨモギ

キク科

花期 8〜10月

原産地 北アメリカ

草むら　空き地 駐車場

三兄弟で、いちばん華奢な**みちくさ**。花茎がか細く、頭花も小ぶりだ。全体的にまばらに毛が生えるが目立たず、ほかの2種に比べると緑が濃い。

五感ポイント
頭花にごく控え目な舌状花がある。

荒れ地三兄弟

空き地というと、必ずと言っていいほどイズハハコ属の3種が大きな顔をしている。南北アメリカ原産で、明治から大正にかけて渡来した外来種だ。アメリカ大陸に行ったことはないが、きっとあちらの荒野には、かれらが草原を作っているのだろうと妄想している。いつか見てみたい光景である。強い光の下で暮らすため、葉は細く、力強く上を向く。背は3m近くまで達する摩天楼。競い合って伸びる様はさながらマンハッタンのようだ。頭花は小さいがかわいげがある。結実すると綿毛となり、タネは新たなフロンティアを求めてどこへでも飛んでいく。

Conyza sumatrensis

オオアレチノギク

キク科

花期 7〜10月

原産地 南アメリカ

道路　線路　空き地 駐車場

頭花は壺のような形をしており、ひらひらとした舌状花がまったくない。大航海時代に世界中に広がった。

五感ポイント
頭花には舌状花がなく、まったく開いてないように見える。

五感ポイント
頭花は下ぶくれになっていて、樽のような形。

Conyza bonariensis

アレチノギク

キク科

花期 5〜10月

原産地 南アメリカ

道路　線路　空き地 駐車場

オオアレチノギクに似るが、背はやや低い。頭花はむしろ大きく、壺というより樽のような形をしている。大正から昭和初期には多かったが、最近では数が減っている。

園芸植物 路上に脱走す

みちくさの中には、元々園芸用に売られたものが脱走した、園芸出身者がかなりたくさんいる。さらに、当人は雑草だが、親戚が売り物になっている種類もある。ことほど左様に、売り物とそうでないものの境界は曖昧だ。もちろん、人間の都合など、**みちくさ**はお構いなしである。路上では今日も園芸出身者によるカラフルなファッションショーがくり広げられている。

アメリカフウロ

Geranium carolinianum

フウロソウ科

花期　3〜6月

原産地　北アメリカ

道路　線路　空き地駐車場

フウロソウ属は多くの種類が園芸利用され、園芸店で苗が売られているが、ちょっとだけ育てるのが難しい。しかし、そんなグループにいながら、めっぽう丈夫でどこにでも生えるのがアメリカフウロだ。繊細な親戚のような華やかさはないが、深く切れ込んだ葉は美しいテキスタイルのようだし、花も小さいながら美しい。

タネの発芽率がよく、狭い範囲でたくさん芽生えていることが多い。

五感ポイント

このような形で深く切れ込んだ葉は、在来種で似たものがないため判別しやすい。

ヒメフウロ

Geranium robertianum

フウロソウ科

花期　5〜8月

原産地　不明

道路　線路　空き地駐車場

日本では特定の山にだけ自生する珍しい野草だ。それがなぜか街中でも広がっているので、謎であった。かれらはどこから来たのか？　じつは、同じものが欧米にも広く自生していたのである。**みちくさ**になっているのは、欧米のものが園芸利用されて、逃げ出したためらしい。ややこしい話だ。花は小ぶりでかわいらしいが、全身からパクチーの匂いがするのがちょっと惜しい。

乾燥した場所や寒い時期には全体が赤くなり美しい。

五感ポイント

別名・塩焼草といい、海藻を焼くときの匂いがするというが……。パクチーの匂いと言ったほうが近い。

初夏

道路 線路 草むら 空き地駐車場

Papaver dubium

ナガミヒナゲシ

ケシ科

花期 4～5月
原産地 地中海沿岸

園芸種に比べると、やや地味な原種のポピーである。数えてみた人によると、シャンパングラスのような形の果実に1㎜にも満たないタネが約3000粒も入っており、猛烈な繁殖力で爆発的に数を増やしている。あまり増えると、在来植物を駆逐しかねないのだが……。ポピーの知名度が高いので、駆除が進みにくい難しさがある。

五感ポイント
ケシ科に共通するが、ちぎると茶色い汁が出る。

Allium tuberosum

ニラ

ヒガンバナ科

花期 8～9月
分布 インド、パキスタン、中国、日本

道路 線路 空き地駐車場

ニラ⁉と思っただろうか。そう、あの八百屋やスーパーで売っているニラである。野菜として栽培されるだけでなく、そこらへんに普通に生えている。しかも、かなり丈夫で、道路の隙間や道ばたでもびくともしない。さらに、古来より茅葺き屋根のてっぺんに植えるのはニラと相場が決まっている。さまざまな場面で人とともに生きる**みちくさ**なのだ。

しばしば見かけるど根性ニラ。

ハタケニラ／名前はニラだが、あの強烈な臭いはなく、ほとんど無臭である。なんとなく姿が似ているため名づけられたようだ。ニラと比べると花が大きく、まばらにつく。生える場所は選ばず、道路の隙間もものともしない。

ハタケニラの花。

ニラの花。

マンネン三兄弟（ベンケイソウ科）

「セダム」の名前で、たくさんの品種が売られているマンネングサ類は、多肉質の**みちくさ**だ。ちぎれた葉や茎からも発芽して増えるため、園芸種もよく野生化している。互いによく似ているため、区別がつきにくいのが困ったところ。非常に乾燥に強く、屋上緑化によく利用される。

Sedum mexicanum
メキシコマンネングサ／葉は分厚く、棒状になる。花茎が枝分かれしてタコ足のように広がる。原産地はメキシコではなく、いまだ謎のベールに包まれている。**花期** 3～6月

Sedum bulbiferum
コモチマンネングサ／背が低く、少し湿った草むらで普通に見られる。名前のとおり、葉のつけ根にぽろりと落ちる芽をつけて繁殖する。葉は平たく卵形で先端がゆるくとがる。在来種。
花期 5～6月

Sedum sarmentosum
ツルマンネングサ／石垣や道路の隙間にも多く、乾燥に強い。葉は楕円型で先端がとがる。1節に3枚ずつ葉を出す。朝鮮から中国東北部原産で、古くから日本に帰化。**花期** 6～7月

覚えておきたい初夏のみちくさ

しだいに気温も上がり、やがて梅雨となる初夏。
しっとりした場所に咲くものとイネ科が目立ってくる。

※開花時期の早いものから順に紹介。

オカタイトゴメ

Sedum japonicum subsp. oryzifolium var. pumilum

ベンケイソウ科

花期　5〜6月
原産地　不明

道路　空き地 駐車場

海岸に自生するタイトゴメによく似た外来種。最近はこちらのほうが目につく。葉がタイトゴメよりやや小さい。非常に乾燥に強く、道路の隙間の土がほとんどないようなところでも絨毯のように群れをなして生える。

(上)米粒のような葉と比べると大きな花が咲く。(下)花は枝先に数個つく。

ヒメツルソバ

Persicaria capitata

タデ科

花期　4〜11月
原産地　中国南部、ヒマラヤ

線路　石垣 壁　道路

渋めのピンク色をした花と、オリーブ色でV字に模様の入った葉が強烈な印象を残す**みちくさ**だ。グランドカバーの定番で、園芸店で普通に苗が手に入る。ただし、簡単に野生化し、石垣や道路の壁際などに陣取って盛んに増えるので、取り扱いには要注意である。

(上)花序は金平糖のようだ。(下)短いピッチで葉がつくため、ほとんど隙間が空かない。

キキョウソウ

Triodanis perfoliata

キキョウ科

花期　5〜7月
原産地　北アメリカ

草むら　空き地 駐車場

キキョウのそっくりさん。本家のキキョウの花は5㎝近くあるのに比べると、こちらは2㎝弱と小さく、葉のわきにつく。草原がなくなってすっかり姿を消したキキョウとは対照的に、都市部で着々と勢力を増している**みちくさ**である。

(上)綿棒のような雌しべ。のちに3つに裂ける。(下)花を咲かせながらひょろひょろ伸びる。伸び過ぎて倒れ込んでいる個体もしばしば。

ユウゲショウ

Oenothera rosea

アカバナ科

花期　5〜9月
原産地　北アメリカ

道路　草むら

マツヨイグサの異名が「夕化粧」だが、この種は昼間咲く。アカバナ科なので、花びらは4枚。**みちくさ**にしてはもったいないくらい、見栄えのする花だ。幅広い環境に生えるが、道路の隙間のような乾燥した環境だと背が低くなり、土だと背が高くなる傾向がある。

(上)ピンク色の花の個体が多いが、ときどき白花も見られる。(下)たくさんの茎が束になって生える。

チガヤ

Imperata cylindrica var. koenigii

イネ科

花期 4～11月
分布 日本全土

道路 草むら

茅葺《かやぶ》き屋根の「茅」のひとつ。強力な根茎で広がり、よくアスファルトを突き破って芽を出している。若い穂は葯《やく》の紫が混ざって小豆色。タネが熟せば白くやわらかな綿毛となり、風にうねる様はとても美しい。秋の草紅葉も見応えがある。

(上)葯が出ていると穂全体が小豆色に見える。(下)葉の縁はざらざらとしていて、素手で握って引っ張りでもすれば掌がすっぱりと切れるほど。

ヤセウツボ

Orobanche minor

ハマウツボ科

花期 5～6月
原産地 ヨーロッパ

草むら

まったく光合成をせず、マメ科やキク科植物の根に自らの根を食い込ませて水や養分を横取りして生きる寄生植物。よく見るとかわいげのある花も、奪ったエネルギーで咲かせている。パトロンの多い原っぱや土手に、素知らぬ顔をしてよく混ざっている。

(上)全体に毛が多い。(下)ムラサキツメクサに寄生していると思われる。隅々まで探しても、緑色の葉は見つからない。

シナダレスズメガヤ

Eragrostis curvula

イネ科

花期 7～10月
原産地 南アフリカ

道路 草むら

道ばたや土手、河原に生える外来種。穂はすっと高く伸び、ほっそりとしている。もともと、急斜面の土留めのために導入されたのだが、タネを飛ばして猛烈に広がり、日本の在来種を脅かしている。強力な助っ人も、使いどころを間違えてはいけない。

まるで緑の髪の毛が地面から生えているようだ。

アオカモジグサ

Elymus racemifer var. racemifer

イネ科

花期 5～7月
分布 北海道、本州、四国、九州

草むら 空き地駐車場

「実るほど頭《こうべ》を垂れる稲穂かな」というが、実らないうちから頭を垂れているのが、カモジグサの仲間である。かれらの穂は弓なりにしなって曲がり、風が吹けば猫のしっぽのようにくねくね揺れる。地味なイネ科の中でも目立つ存在だ。

(上)穂の先端には長くてやわらかいトゲがある。(下)独特なブルーグレーの色は目を引く。慣れると冬でもそれとわかるほどだ。

トウバナ

Clinopodium gracile

シソ科

花期 5～8月

分布 本州、四国、九州、沖縄

草むら　空き地 駐車場

やや湿った道ばたや背の低い草むらに生え、足元でひっそりと小さな花を咲かせている。これでシソ科らしく香りでもあれば目立つのだが、ほとんど無臭。つくづく、奥ゆかしい**みちくさ**である。

(上)小さいながらも虫にアピールする模様がある。
(下)花が何段にも積み重なり塔のようなので塔花。

カキドオシ

Glechoma hederacea subsp. grandis

シソ科

花期 4～5月

分布 北海道、本州、四国、九州

草むら

蔓状に茎を四方八方に伸ばし、垣根も突き通していくことからこの名がある。やや湿ったところに生え、鎮静作用があるため、子どもの「疳《かん》の虫(ぐずったり泣くこと)」の特効薬とされる。夏場、葉を何枚か水筒の水に入れておくと、清涼感を楽しめる。

(上)大ぶりな花はぶち模様。地域により変化する。
(下)独特の臭気があり踏みつけるとすぐそれとわかるほど。

ギシギシ

Rumex japonicus

タデ科

花期 6～8月

分布 日本全土

道路　線路　草むら

やや湿った重たい土を好む。山積みの牛糞と見れば必ず生えているので、窒素分を好むようである。生命力溢れる濃厚な緑の葉は艶やかで縁が波打ち、太い茎の先にたわわに花をつける。夏になると枯れて赤茶けた姿がよく目立つ。

(上)果実は真ん中が盛り上がり、縁が薄い。(下)しばしば大株になり、たくさん花茎が並ぶ。

オヤブジラミ

Torilis scabra

セリ科

花期 4～6月

分布 日本全土

草むら

やや湿った日陰に茂みを作って群れをなす。名前のとおり、薮をつくる**みちくさ**である。環境が合えば、びっしりと道ばたをおおうことも珍しくない。花はごく小さく、花びらの先がうっすら紫がかる。よく似たヤブジラミは花が真っ白で、花柄は短い。

(上左)オヤブジラミの花。花柄が長い。(上右)**ヤブジラミ**。花柄が短く、オヤブジラミよりあとに咲く。(下)よく茂る葉はニンジンに似る。

みちくさを利用する虫の巧みな戦略

虫との出会いは**みちくさ**の醍醐味のひとつだ。虫の多くは植物にかかわって生きているので、**みちくさ**と虫とのかかわり合いの場面に遭遇することは多い。中でも、いちばん濃密な関係は、「食」にかかわることだろうか。人間にとっておいしい食事が永遠のテーマであるように、虫にとっても、**みちくさ**でいかに食事をするかは最大の関心事なのだ。その食事にも、さまざまなパターンがある。

食草《しょくそう》（直接、草を食べる）

草食の虫は、なんでも節操なく食べる種類もいるが、多くは選り好みをして、特定の草ばかりを食べる。それによって、資源を巡るほかの虫との競争を避けているのだ。裏を返せば、ある草がそこに生えることで、ある種類の虫はそこで生活することができる。つまり、都市の虫社会がどうなるかは、**みちくさ**次第なのだ。

カラスウリの葉を食べるトホシテントウ。

吸蜜《きゅうみつ》（蜜を吸う）

少しでも視覚的に訴えたり、香りを出したりする花は、ほとんどが虫を相手に営業するレストランだ。甘い蜜と引き換えに、花粉を別の花に運ばせようという魂胆だが、人間に比べるとずいぶんちゃっかりとしたお店である。花の向きや大きさによって、集まる虫は変わってくる。例えば、下向きに開いて咲く花は、ぶら下がることのできるハナバチ類を狙っているし、夜に開く花は、ガなど夜行性の虫に特化している。

セイタカアワダチソウの蜜を吸うナガツチバチの仲間。

吸汁《きゅうじゅう》（茎や葉から汁を吸う）

蜜のような高カロリーでないものの、茎や葉の汁を吸って暮らす虫はとても多い。かれらの口はストローのようになっていて、それを植物に突き立ててずっと吸っている。**みちくさ**からしたら慢性的な「虫害」なのだが……。かなり多くの種類が、**みちくさ**とともに暮らしている。

ハルジオンにつくアブラムシ。

虫こぶ（植物を変形させて、そこにすむ）

もっとちゃっかりしているのが「虫こぶ」だ。タマバエ、アブラムシなどの虫や、ダニ、線虫などが原因で起こる、植物の身体の一部が不自然にふくらんでこぶ状になったものだ。これは、寄生する虫などの刺激によって、植物の組織が異常に肥大してできたこぶで、中の部屋で虫が汁を吸って生活している。それにしても、なんという大それた方法だろう。ただ、汁を吸うだけでは飽き足らず、家まで作らせるとは。虫のちゃっかりもさることながら、植物の懐の深さがよくわかる。

※「虫こぶ」を虫癭（ちゅうえい）と呼ぶこともある。

イヌノフグリの茎にできた虫こぶ。

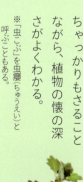

夏

草いきれ、極まる

花に溢れた初夏を過ぎれば、黒々として成熟した緑の季節だ。

命にかかわるほどの灼熱を逃すまいと、これでもかこれでもかと葉を広げ、茎を伸ばし、あらん限りに生産する。みちくさたちの強欲は尽きない。

蔓植物たちの天下、真夏

自分自身では立たず、ほかのものによじ登る他力本願が身の上の蔓植物たち。真夏は、かれらの天下だ。あらゆるものに絡みついて、人間としては困ってしまうことも多いのだが、蔓を編んで籠をつくったり、紐として使ったり、時には吊り橋を架けたりと、先人たちは蔓を上手に活用して暮らしてきた。そう考えると、現代は蔓とどうやってつき合えばいいのか、わからなくなっている時代なのかもしれない。僕らが、うまく手出しできなくなった結果、蔓たちは都市で自由を謳歌している。自由自在に伸びまくるかれらに畏敬の念を持ちながら、ただ憎むだけでなくその姿を楽しむ余裕を持ちたい。

(上)葉のわきから数個花を咲かせる。
(下)熟した果実は黄褐色。

五感ポイント
名前のとおり、草むしりなどで葉や蔓をちぎると、強い臭気が鼻を突く。

Paederia scandens

ヘクソカズラ

アカネ科
花期 8～9月
分布 日本全土

草むら
フェンス

「屁」に「糞」とは、これ以上ないくらいひどい名前をつけられてしまったものだ。その分、一度聞いたら二度と忘れない。だが、観賞用に売っていてもまったくおかしくない釣鐘《つりがね》のような花は、ちょっと摘んで一輪挿しにするのにうってつけである。果実は光沢のある黄褐色。見ようによっては金のようだ。これが最高のリースの素材になる。「サオトメバナ(早乙女花)」という、好意的な別名もある。

キカラスウリ

Trichosanthes kirilowii var. japonica

ウリ科

花期 7~9月
分布 奥尻島、本州、四国、九州

草むら　フェンス

暗い場所では、地面に這うくらいでおとなしいが、明るい場所では俄然元気になって、ほかの木に絡みつく。全体的に、短い毛が生えているので色が淡く見え、絡んでいる様子が目立つことが多い。蔓は、細い割には硬くしっかりしているが、ひっぱるとだいたい中途半端な場所で切れてわずらわしい。夜になると、レースのような繊細な飾りをつけた花を開く。闇にたたずむ姿は神秘的だ。

五感ポイント
全体に生える短い毛のおかげで、ザラザラした触感。

暗がりに咲くキカラスウリの花。

ヤブカラシ

Cayratia japonica

ブドウ科

花期 6~8月
分布 北海道西南部、本州、四国、九州、沖縄、小笠原

草むら　フェンス

植木をおおい尽くして枯らすこともあり、強烈な雑草として嫌われている。染色体が1本多い3倍体で実ができない。地下茎にたっぷりと栄養を蓄え、地下茎を取り除かない限りはしつこく生えてくる。小さなキャンドルのような花は蜜に富み、アゲハチョウが好んで訪れる。もしも、庭にチョウを呼びたければ、情状酌量で1本残して咲かせるとよいだろう。

五感ポイント
芽生えは竜のように立ち上がる。先端は食べられる。

花はかなり地味でほとんど目立たない。虫たちが目印だ。

カナムグラ

Humulus scandens

アサ科

花期 8～10月
分布 日本全土

ビールの香りつけに欠かせないホップに近縁な植物だ。1年草にもかかわらず、猛烈な成長速度で、またたく間にフェンスだろうと車だろうとおおい尽くしてしまう。蔓や葉の柄には下向きの棘があり、これによって障害物を乗り越えていく。

草むら
フェンス

五感ポイント
カナムグラに触るなら、決して肌を見せてはいけない。鋸のような棘だらけの茎によって腕も顔も傷だらけになるからだ。

(上)雄花。
(下)果実。

河原など明るい場所に生える。冬、枯れてからは非常にもろく、翌春にはすっかり姿を消す。

夏

アレチウリ

Sicyos angulatus

ウリ科

花期 8～9月
原産地 北アメリカ

大きな葉に、細かい毛が密生する蔓。爆発的な成長力、繁殖力で、河川敷を中心に日本中で猛威を振るっている特定外来生物だ。あまりに広がってしまい、駆除には相当の時間と予算がかかるために、各地で対応に苦慮している。とはいえ、チャーミングな花を見ると、**みちくさ**としてはなかなか魅力的である。

草むら
フェンス

五感ポイント
蔓や葉は細かい毛によりざらざらしている。ウリとは思えない鋭い棘に包まれた果実は、芸術的ですらある。

果実。

雄花。長い柄に数個つく。雌花より大きい。チョンマゲのような雄しべが目立つ。

雌花。雄花の半分ほどの大きさで、くす玉のように固まってつく。チョンマゲの先は3つに分かれる。

花は2 cm程度と、草本のマメ科としては最大級。中央が黄色く目立つ。

五感ポイント
美しい紫の花は甘い香りを放ち、多くのハチやアブに愛される。

Pueraria lobata

クズ

マメ科

花期 7～9月
分布 日本全土

草むら　フェンス

あらゆるものをおおい尽くす蔓草の帝王といえば、クズのことである。荒れ地や斜面では、地面を飲み込み、時には木や家までも飲み込むパワーは圧倒的だ。根茎に貯め込んだデンプンは葛粉となるし、「葛根湯《かっこんとう》」を知らない人はいない。クズほど、人と自然との愛憎入り交じる関係を象徴する草はないだろう。

強烈な繁殖力は、砂漠緑化に利用されたほど。

ナス科ナス属 多士済々

人間に一人っ子と10人兄弟がいるように、植物の世界もグループにぽつんと1種類しかないものと、やたら種類のたくさんいるものがある。ナス科ナス属は、間違いなく後者だ。花の形は、大きさやディテールこそ違うけれど、ほとんど一緒。実る果実もよく見ると似ている。野菜でもナス、ジャガイモ、トマトがすべてナス属というから、その間口の広さには恐れ入る。地味であまり目立たないながらも、夏はかれらがそこかしこで咲き競う季節でもある。

夏

ワルナスビ

Solanum carolinense

ナス科

花期 6~9月
原産地 北アメリカ

「悪茄子」とは、なんとも悪役感を的確に言い表した名前だ。大きな棘は確かに、悪役という印象を与える。地下茎で増えて密生するので、畑や牧草地ではとても困った雑草である。毒もあるので放牧ができなくなるからだ。一方で、3㎝ほどの星形の花が一面に咲く様子はかなり見応えがある。花色は白から薄紫まで変化に富んでいる。

草むら

五感ポイント
茎や葉の裏に大きな棘が多く、とても目立つ。

タマサンゴ

Solanum pseudo-capsicum

ナス科

花期 6~11月
原産地 ブラジル

低木ながら、それほど大きくならず、一見すると草のようだ。花期は長く、花と同時に「珊瑚」の名にふさわしい、赤くて丸い果実をたくさんつける。鳥が運ぶのか、やや日陰の道路の隙間など土のないところにも見られる。明治時代に渡来し、鉢植えなどで観賞用に育てられる。

道路
線路

イヌホオズキ

Solanum nigrum

ナス科

花期　8〜9月

分布　日本全土

道路　線路　空き地駐車場

空き地や建物の隙間など、ある程度土があれば場所を選ばず生えるタフな**みちくさ**だ。果実は黒くブルーベリーのようだが、毒があるので食べるのは止めたほうがよい。近縁のアメリカイヌホオズキ、テリミノイヌホオズキも多く、それぞれよく似ているため区別が難しい。

果実。枝分かれした柄についている。果柄はホルンのように太くなる。

五感ポイント

花はうつむいて咲き、花びらが反り返るのが特徴的。

ヒヨドリジョウゴ

Solanum lyratum var. lyratum

ナス科

花期　8〜9月

分布　日本全土

草むら

公園などのやや日陰の草むらに生える蔓植物。シクラメンのように反り返る花びらがかわいらしい。名前のとおり、ヒヨドリが好みそうな赤くてジューシーな果実は、日を浴びると美しく輝く。毒があるので、なかなか鳥が食べないのか、しばしば晩秋まで残っている。

五感ポイント

ふわふわとした白い毛がまばらに生え、とても手触りがよい（でもちょっとべたべたする）。

赤くてジューシーな果実。

侵略者になったみちくさ

植物たちには罪はないのだが、人間が新しく造成地をつくると、特定の植物が「侵略」してきて、爆発的に増えることがある。植物は一見単独で生きているようで、根で菌類と共生している。そのバランスが保たれないと、一気に増える種類が現れるのだ。そして、その侵略者には天敵やしがらみの少ない外来種が多いのも事実だ。だが、**みちくさ**を憎まないでほしい。駆除は必要にしても、せめてその美しさを愛でてほしい。

アメリカオニアザミ

Cirsium vulgare

キク科

花期 7〜9月
原産地 ヨーロッパ

道路 空き地・駐車場

はじめて出会ったとき、ここは日本のはずなのに、一瞬で荒涼としたテキサスかどこかの砂漠に来てしまったような気になったものだ。全体に生えた綿毛、びっしりとついた鋭い棘はそれくらい日本離れしている。あまりの棘に、牧草地では深刻な害草となっている。頭花は大きく、日本のアザミにはない豪華さ。かなり見応えがある。

五感ポイント
鋭い棘が密生。手で抜き取るには、厚手のゴム手袋が必要なほどだ。

道路わきや造成地など不毛な場所に多い。

オオキンケイギク

Coreopsis lanceolata

キク科

花期 5〜7月
原産地 北アメリカ

草むら 空き地・駐車場

コレオプシス属は、キク科の園芸植物でも代表的なグループのひとつだ。とりわけオオキンケイギクは背も高く、花も大ぶりなので、広いスペースで楽しむのに向いていた。そのせいか、河原の土手、道路沿いなどに広く野生化してしまい、あまりの猛威に特定外来生物に指定され、栽培が禁じられている。ほかの草を守るためにも、もし見つけたら行政に届け出よう。

土手などに群生し、見応えがある。

ハルシャギク／北アメリカ原産。古くから知られた園芸植物。花だけでなく、か細い葉が繊細で美しい。

夏

シンテッポウユリ

Lilium × formolongo

ユリ科

花期 7〜11月
分布 不明

道路 線路

従来は台湾原産のタカサゴユリとされていたが、近年は在来種のテッポウユリとタカサゴユリの雑種であるという説が有力である。花は両親の性質を受けついで細長く、スマートな印象を与える。ヤマユリなど在来のユリに比べ、抜群に繁殖力が強く、発芽から短期間で開花する。西日本では道路沿いがこのユリでおおわれる場面も珍しくない。

タケニグサ

Macleaya cordata

ケシ科

花期 7〜8月
分布 本州、四国、九州

草むら 石垣壁

荒れ地とみるとタネが風に乗ってどこからともなく現われ、一面に茂る。都市部では比較的おとなしく、ぽつぽつと明るい場所に陣取っている。最大2mにまで大きくなり、欧米では庭のアクセントに植栽されるほどだ。全体に粉を噴いたように白っぽく、葉は優美な曲線に切れ込む。

花の拡大。花びらはなく、雄しべが目立つ。

アレチハナガサ

Verbena brasiliensis

クマツヅラ科

花期 6〜9月
原産地 南アメリカ

草むら 石垣壁

名前のとおり荒れ地に多く、駐車場や道路わきなどで高さ2mほどになり、枝分かれをくり返して薮をつくる。バーベナの仲間だけあって、花は拡大してみるとかわいらしい。茎は角ばっていて、断面は四角い。逆向きの剛毛が生えているので、触るとざらざらする。

ヤナギハナガサ／南アメリカ原産。「三尺バーベナ」の名前で園芸ではよく利用されるが、広く野生化している。

（上）花が咲き進んだあとは黒っぽい花殻だけが残る。
（下）花は非常に小さく、群生していないと目立たない。

頭が低い！地面に貼りつくみちくさ

初夏に続いて、土がむき出しなった場所を愛して止まない**みちくさ**たちをクローズアップ。同じむき出しでも、湿った土のむき出しと乾いた土のむき出しとではかなり風景が違ってくる。どちらも土が固くなってほかの草が入りにくいということが多いが、やはり日当たりや湿り気の好みで**みちくさ**の種類も変わってくるのだ。とくに乾いた場所に生える種類は、葉が分厚かったり多肉質になったりして、乾燥に耐える特徴を備えている。

(左上)**ヒメチドメ**／チドメグサよりさらに小さく、少し切れ込んだ葉を持つ。さらに暗く湿った土を好む。

(左下)**ノチドメ**／葉が2〜3㎝と大ぶりで、茎がやや立ち上がるのが特徴。

チドメグサ

Hydrocotyle sibthorpioides

ウコギ科

花期 6〜10月

分布 本州、四国、九州、沖縄

道路　草むら　空き地駐車場

古くから血止めに用いられたのでこの名がある。丸い葉がかわいらしい。湿った土を好み、芝生に混じったり、ちょっとした隙間にもマット状に広がって生える代表的な**みちくさ**である。非常に小さい花が球状に集まって咲き、虫眼鏡で観察すると緑色の花びらや橙色の雄しべを見ることができる。よく似た近縁種がいくつかあり、区別が難しい。

ヒメチドメの花。チドメグサの仲間の花は球状に集まる。

コナスビ

Lysimachia japonica var. japonica

サクラソウ科

花期 5〜6月

分布 日本全土

草むら　空き地駐車場

日向から日陰まで、幅広い環境に生える。やや湿ってむき出しになった土を好むようである。茎は四方八方に伸びてマット状に広がっていく。黄色い花は見応えがあり、近縁種が「リシマキア」の名前で売られていて、さまざまな園芸品種が作られている。果実は、萼に包まれている様子が小さなナスに似ており、それが名前の由来。

地面を這うが、枝先は起き上がる。

五感ポイント

全体に毛が生えており、やわらかい質感。

ハゼラン

Talinum triangulare

ハゼラン科

花期 8〜10月
原産地 熱帯アメリカ

道路　線路　空き地駐車場

土がなくてもものともせず、道路の隙間にもよく見られる。葉は根元のほうに集まって車輪状につき、花茎が高く伸びてぱらぱらとまばらに花をつける。この様子から「花火草《はなびぐさ》」の別名もある。明治時代に渡来。観賞用に栽培されるが、しばしば野生化している。

花は小さいが、拡大すると整った形をしている。

五感ポイント

「三時草」の別名のとおり、花は昼間は閉じていて、午後3時ごろから開きはじめる。

スベリヒユ

Portulaca oleracea

スベリヒユ科

花期 6〜8月
分布 北海道、本州、四国、九州

道路　空き地駐車場

日当たりのよい場所を好み、盛んに枝分かれして地面に広がっていく多肉質の**みちくさ**。葉は、ややうぐいす色がかった独特の色。ゆでるとぬめりが出ておいしく食べられる。花は小さいながらもたくさんつき、日が陰ると閉じてしまう。

非常に小さいが、星型の雌しべがかわいらしい。

ハナスベリヒユ／スベリヒユとヒメマツバボタンとの雑種。花壇を彩る花苗としてよく出回る。さまざまな花色がある。

ザクロソウ

Mollugo stricta

ザクロソウ科

花期 7〜10月
分布 本州、四国、九州

空き地駐車場

乾燥に強く、土がむき出しの場所でも生える。枝分かれしながら広がる様は、幾何学模様のようで美しい。名前は葉がザクロに似ていることからつけられたそうだが、実際はあまり似ていない。花は茎の先に枝分かれしながらつく。花びらはなく、萼がその代わりになっている。

クルマバザクロソウ／熱帯アメリカ原産。(左)名前のとおり、葉が車輪状につく。(右)花は葉のわきにいくつかつく。

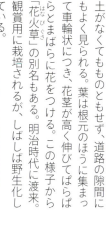

たくましき小さな樹木たち

みちくさは、草だけを指す言葉ではない。じつは、さまざまな樹木の実生《みしょう》※も、**みちくさ**として道路の隙間などから生えることが多々あるのだ。かれらが立派な大木になることはたぶんないが、草刈りで切られたり、折られたりと、さまざまなダメージを受けながらもたくましく生きている。樹木の実生に注目すると、いかにこの国が樹木の国であるかがよくわかる。都市部の過酷な環境ですら、次から次へと木が生えるのは、よほど樹木に向いた土地柄なのだ。

※実生：樹木のごく若い個体のこと。普通高さ30㎝以下を実生と呼ぶ。

アカメガシワ

Mallotus japonicus

トウダイグサ科

花期 6〜7月

分布 本州、四国、九州、沖縄、朝鮮半島、中国

道路　空き地駐車場

芽吹きの葉が赤いのでこの名がある。雌雄異株。明るい場所に好んで生えるため、非常に成長が早い。鳥に食べてもらうことで、タネの散布をしているので、思いがけない場所から芽生えてくることがある。

五感ポイント

実生の間だけ、葉にある蜜腺から蜜を出してアリを誘い込み、葉を食害する虫から守ってもらう。なかなか賢い戦略である。

(右)果実。(左)花。

クサギ

Clerodendrum trichotomum var. trichotomum

シソ科

花期 7月下旬〜9月

分布 日本、朝鮮半島、中国

道路　空き地駐車場

花は細身で筒が長く、ジャスミンのような香りで、「臭木」という名前とは、かなりギャップがある。アゲハチョウ類がよく飛んできて蜜を吸う。実は鮮やかな青色で、草木染めに利用される。これを鳥が食べて、そこかしこに散布しているのだ。

五感ポイント

葉をちぎるとゴムを焼いたような匂いがあることから「臭木」と呼ばれる。

キリ

Paulownia tomentosa

キリ科

花期 5〜6月

原産地 中国中部

実生のころの葉は成木の倍近くある大きなもので、一見違う木に見える。古来より栽培される有用な樹木。花が美しいのはもちろん、やわらかく肌理《もくめ》の細かい木材は、箪笥《たんす》などの家具や、さまざまな食器など加工品に向いており、伝統工芸品に広く用いられてきた。成長が早いため、娘が産まれるとキリを植え、お嫁に行くころにはそのキリでつくった箪笥を嫁入り道具にする習慣があったほどだ。

道路

空き地駐車場

茎は青く、もろい。樹木とは思えないほどだ。

成長すると初夏に花をつける。

シマトネリコ

Fraxinus griffithii var. *kosyunensis*

モクセイ科

花期 5〜6月

分布 沖縄、中国、台湾、フィリピン、インド

常緑の割にさらさらと風に揺れるさわやかな雰囲気が人気で、まず目にしないことがないくらい各地で植えられている売れっ子の樹木である。初夏に咲く花は、個々には地味だが集合すると白い煙が立ったようでよく目立つ。風で飛ばされるタネを大量につけ、発芽率もよいため、シマトネリコの足元に小さな実生がたくさん生えている場面をよく見かける。

道路

空き地駐車場

艶やかな葉が特徴的。小葉の大きさがそろっている。

クスノキ

Cinnamomum camphora

クスノキ科

花期 5〜6月

分布 本州、四国、九州

古くから栽培されている樹木。香りに防虫作用があり、防虫剤になる「樟脳《しょうのう》」の原料として有名である。常緑樹ながら落葉樹の要素を少し持っていて、春の芽出しのころに見事に紅葉した葉を一気に落とし、みずみずしい若葉を迎え入れる。あまり知られていない、春の風物詩のひとつである。樹形もよく、立派な木になるので、街路樹やビルの植え込みとして人気が高い。**みちくさ**となった実生は、こうした街路樹から運ばれたタネによるものだろう。

道路

空き地駐車場

親と葉の形がずいぶん違う。葉の裏が白っぽいのが特徴。

夏の終わりを告げるみちくさ

あれほど楽しかった夏も、いつの間にか終わってしまう。夏休みは永遠ではないのだ。その不吉な影は、ツクツクボウシが連れてくる。あの声を聞くと、夏がもうそれほど長くないことに慄然《りつぜん》としたものだ。それと同時に、夏草の強くて濃くて、がさがさとした王国の影でひっそりと息をひそめていた秋の**みちくさ**が少しずつ動き始める。ツクツクボウシの声を聞いたら、あたりを見回してみるといい。きっとそこには、夏の終わりを告げる**みちくさ**でいっぱいになっているはずである。

ゴウシュウアリタソウ

Chenopodium pumilio

ヒユ科

花期 6～8月

原産地 オーストラリア

道路　空き地駐車場

人に頻繁に踏まれるような固い土や、道路の隙間にばかり生える、苦労のたえない**みちくさ**だ。花らしい花はなく、緑色のそぼろのような地味な花が咲く。どちらかと言えば、葉のかわいらしさが見どころだ。やわらかい曲線でできた輪郭。表面には、大まかに葉脈が刻まれていて、そのまま鉢に植えたらちょっとした観葉植物になりそうだ。

五感ポイント

葉をちぎると、独特の臭いがある。

メヒシバ

Digitaria ciliaris

イネ科

花期 7～10月

分布 本州、四国、九州、沖縄

草むら　道路　空き地駐車場　線路

「雄日芝」より華奢なので「雌」、強い日射しの下に生えるので「日芝」合わせて「雌日芝」だ。オヒシバに比べて穂が細く、葉もやわらかい質感で色も薄い。見慣れると、葉だけでもメヒシバとわかるほどだ。一方で生える環境はメヒシバのほうが幅広い。少しくらいの日陰にも耐えるし、比較的単独が多いオヒシバに比べると、ほかの草に混じって生えることも多い。

穂が出るまでは茎や葉が地面を這っていて、穂が出ると立ち上がる。

クシゲメヒシバ/小穂に長い毛が生えているものを区別することもある。

コミカンソウ

Phyllanthus lepidocarpus

コミカンソウ科

花期 7～10月
分布 本州、四国、九州、沖縄

道路　空き地 駐車場

コミカンソウの魅力に気づけば、誰しもそのかわいらしさの虜になるはずだ。オジギソウを思わせる葉は、夜になると閉じてしまう。そして、その葉の裏側にお行儀よく花や果実が並んでいる。花も実も、立った状態で見下ろしても見えない。しゃがみ込んで横から見るか、めくって見るしかない。その果実は、たしかに小さなミカンのようだ。これが、えも言われずかわいい。

五感ポイント
ミカンのような丸々とした果実。表面は小さな凹凸でおおわれ、大きさはわずか3mmほど。

ナガエノコミカンソウ／南アメリカ原産の1年草。コミカンソウよりも背が高くなり、しばしば密集して生える。果実の柄が長くなる。

オヒシバ

Eleusine indica

イネ科

花期 8～10月
分布 本州、四国、九州、沖縄

道路　草むら　空き地 駐車場

「雄日芝」と書く。必ずと言っていいほどメヒシバ(雌日芝)とペアで語られる。どちらも、穂がまるで何かのアンテナのように、柄の先で枝分かれする。オヒシバの穂はメヒシバに比べてずいぶん太くなり、質感もぎざぎざしている。小《しょう》穂《すい》からして大きいからだ。茎や葉も幅広く、全体にがっしりして見える。オヒシバのほうがより日射しの強い場所を好むようだ。

五感ポイント
よく見ると小穂が何列も並んでつき、穂が太くなっている。

茎はメヒシバに比べて幅が広くがっしりしている。葉は幅が狭いものの、分厚く濃い緑色。

覚えておきたい夏のみちくさ

夏のみちくさはパワフルだ。どこまでも高く伸びたり、
茎を伸ばして一面をおおったり……太陽の力が景色に現れる。

※開花時期の早いものから順に紹介。

シチヘンゲ

Lantana camara

クマツヅラ科

花期　6〜11月

原産地　熱帯アメリカ

蕾《つぼみ》から開花するにつれて、徐々に濃い色に変化することから「七変化」という。小さな花がこんもりと集まった様子はかわいらしく、さまざまな園芸品種がある。葉をちぎると鼻にこびりつくような嫌な臭いがする。通称「ランタナ」。園芸植物として広く栽培される。

道路　線路　空き地駐車場

(上)蕾は黄色で、開花が進むとピンクに変わる。
(下)縦横無尽に枝を伸ばし、薮になる。

シマスズメノヒエ

Paspalum dilatatum

イネ科

花期　8〜10月

原産地　南アメリカ

在来種のスズメノヒエに似るが、穂が毛深いところで区別する。茎がやたらめったら長くなり、長くなり過ぎて倒れ込んでいることが多い。じつに1m近くなることもある。太平洋側の暖かい地方を中心に増えている。

道路　草むら　空き地駐車場

(上)穂には、レンズ状の小穂がお行儀よく並ぶ。
(下)長い茎の先端に穂が数列ついている。

オシロイバナ

Mirabilis jalapa

オシロイバナ科

花期　7〜10月

原産地　熱帯アメリカ

花色は白、ピンク、黄色など多種多様。染め分けや絞り模様など変化も大きい。開花は夜から朝にかけてで、夜道を歩いているとどこからともなくいい香りが漂ってくる。世界中で観賞用に栽培される。

道路　線路　空き地駐車場

(上)花に見えるのは萼で花びらはない。(下)葉も茎も明るい緑色で存在感は抜群。こぼれタネで盛んに増える。

カヤツリグサ

Cyperus microiria

カヤツリグサ科

花期　5〜6月

分布　日本全土

少し湿り気のある草むらや、土手などによく生える。名前は、茎を裂くと繊維がほぐれて四角い形ができるのを蚊帳《かや》に例えたもの。穂の姿は独特で、ちょうど線香花火がそのまま形になったようだ。外来種含め、多くの近い種類が道ばたで見られる。

草むら　空き地駐車場

(上)小穂が集まって穂を作り、それがさらに集まって花火のような形になる。(下)穂を囲むように苞葉が生える。

夏

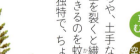

ペラペラヨメナ

Erigeron karvinskianus

キク科

花期 5～11月
原産地 中央アメリカ

道路　線路　石垣壁

当人としては不服と思うが、葉が薄手なところからこの名がついた。別名の「ゲンペイコギク（源平小菊）」は、花が白から赤紫に変化するため、赤白が同時に咲いているように見えることによる名だ。観賞用に栽培されるが、野生化して石垣、とりわけ川の護岸に好んで群生する。

（上）古い花は赤みを帯びる。
（下）茎はまっすぐ伸びず、だらんとしている。

ミドリハカタカラクサ

Tradescantia fluminensis 'Viridis'

ツユクサ科

花期 夏
原産地 南アメリカ

草むら

すっかり都市の森の中で支配者になりつつある外来種。日陰で湿った地面をびっしりおおうように生え、白い花を咲かせる。ただ、ツユクサと違って花弁が3枚なのでご注意を。交配種のためかタネができず、茎で旺盛に繁殖しており、雑草としてはかなり厄介だ。

（上）雄しべの周りにやわらかい毛がふさふさと生えている。（下）茎は旺盛に広がって繁殖する。

ゼニアオイ

Malva sylvestris var. mauritiana

アオイ科

花期 8～10月
原産地 地中海沿岸

道路　線路　空き地駐車場

花や果実の形を銭《ぜに》に見立ててこの名がついた。観賞用に栽培されるが、時によく似た薬用植物のコモンマロウと混同される。直立する茎に多くの花をつける。日当たりと水はけのよい場所を好み、線路沿いや道ばたによく野生化している。江戸時代に渡来した古株の外来種。

（上）花の中心に向かって強いストライプが走り、虫を誘っている。（下）環境によっては茎が這うこともある。

ケチョウセンアサガオ

Datura inoxia

ナス科

花期 8～9月
原産地 インド

道路　線路　空き地駐車場

道路わきの植え込みや、空き地などにたまに見られる。蔓ではないが、花は名前のとおりアサガオと同様にラッパ状。ただ、アサガオに比べるとかなりすぼまっており、トロンボーンのような細さだ。有毒植物のため、要注意。明治時代、観賞用に渡来した外来種。

（上）ラッパ状の大きな花をもつ。（下）太い茎で立ち上がってよく枝分かれする様子はナスに近い。

シダ植物

花が咲かないため、見分けるのが難しいシダ植物。このうち、みちくさとしてよく見かける4種を厳選して紹介する。もっぱら石垣や壁などに暮らすものが多いようだ。

オニヤブソテツ

Cyrtomium falcatum subsp. falcatum

オシダ科

分布 北海道南部、本州、四国、九州、沖縄

石垣壁

常緑のシダ植物。てかてかと強い艶《つや》があって分厚く硬い葉は、「鬼」の名にふさわしい。自生は海岸近くの崖。都市部でも石垣や壁の隙間に張りつくように生えている。日本庭園の石組みにはつきもので、関東ならばよく黒ボク石の隙間にあしらわれている。

葉の軸の根元には、鱗片（りんぺん）という茶色いひらひらしたものがついている。

イヌワラビ

Anisocampium niponicum

メシダ科

分布 北海道、本州、四国、九州

草むら

石垣壁

落葉性のシダ植物。日当たりの強い石垣から、公園などの日陰まで幅広い場所に生えるが、乾燥には弱いようだ。寒さが厳しくなるとすっかり色あせて枯れ、くしゃくしゃに縮んでしまう。近縁種が多く雑種をよくつくるため、厳密な区別は難しい。

すらりととがって伸びる先端が優美。

イノモトソウ

Pteris multifida

イノモトソウ科

分布 本州、四国、九州

線路

石垣壁

常緑のシダ植物。葉は幅の狭いリボンのような形で、その緑色のリボンが1か所に固まってぼさぼさと垂れ下がっている。石垣や擁壁《ようへき》の隙間によく生えている。電車のホームにも多い。イノモトソウが生えている駅を数えたら、けっこうな数になるはずだ。

独特の形と淡い緑が特徴的だ。

ホウライシダ

Adiantum capillus-veneris

イノモトソウ科

分布 四国、九州（自然分布）

線路

石垣壁

常緑のシダ植物。江戸時代から観賞用に栽培されており、「アジアンタム」の名前で売られている。都市部に生えるホウライシダは、この栽培品由来と思われる。駅のホームの足元でよく見られ、びっしりと壁をおおうことすらある。世界中の熱帯から亜熱帯に広く生育する。

淡い緑の小葉が規則正しく並んでいる。

太陽に左右された生き物

みちくさをずっと見ていると、こいつはアスファルトの隙間が好きだなとか、河原の土手には絶対に顔を出すよなとか、そういう勘所がわかってくる。どうしてもそれぞれ得意不得意はある。人間が、「人前だめなんです」とか、「狭いところが好きで」とか言うのに、ちょっと似ている。得意不得意を決める条件はいろいろあるけれど、日当たりの影響はとても大きい。太陽光がなければ、そもそも植物は「ご飯」が作れないわけなので、死活問題だからだ。

日当たりのよい場所を好む**みちくさ**は、葉が細いものが多い。強い紫外線や乾燥に耐えるために、葉が分厚くなったり、葉に綿毛が生えていることも多い。それから、葉が上向きについていて、多少重なりあっても構わずたくさんついている。日当たりがよいということは、直射日光だけではなく、空気中の散乱光も、地面からの照り返しも全部使える。それで、どこから光が来てもよいようにたくさんの細い葉をつけるのだ。

これに対して、日陰の**みちくさ**は、葉が幅広く、薄くなりやすい。例えば、公園の木の下は夏場ともなると鬱蒼《うっそう》とした木が太陽光をさえぎって、かなり暗くなる。それでも、僕ら人間の目は暗がりに慣れるので、「普通に見えるじゃん」と思うわけだが、実際は日向の2〜3割の太陽光しか届いていないので、光合成をする植物としては大問題だ。なるべく広い面積で光を受け止めようと広い葉をつける。さらに、節約のため薄く伸ばしてぎりぎりの厚みの葉をつける。

ここでは違う種類を取り上げたが、同じ種類であっても、日当たりによって葉の大きさやつき方は変わってくる。植物はつくづく、身の回りに合わせて形を変えていく生き物なのだ。

日陰の植物

日陰をおおい尽くすノハカタカラクサ。

日陰によく適応したヤブミョウガ。

日向の植物

河川敷のメドハギとハルシャギク。

空き地に生えるオヒシバ。

秋

枯れてなお咲く

灼熱の夏に、旺盛に育ったみちくさたち。やがて秋の風が吹くころにはたくさんの果実が実り、次のタネを撒きはじめる。秋草は夏の蓄えを惜しげもなく注ぎ込んで、凛とした花を咲かせる。寒さが募れば、色とりどりに草紅葉して、やがて美しく枯れていく。

エノコログサ——秋の風景をつくる

黙って立っていてもいいけれど、エノコログサの仲間は風とともにうねる様子が似合う**みちくさ**だ。すっと伸びた長い茎に、重たげなふさふさとした穂がついて頭を垂れている。穂の手触りはまた、格別。何より、開花期から枯れてしまうまでかなりの時間この穂は残っていてくれる。タネがひとつ残らず落ちてしまっても、だ。野の花が好きなら、秋の生け花には欠かせない。かれらは史前帰化、つまりかなり古い時代に日本に渡来したことがわかっている。エノコログサを改良したものが雑穀「アワ(粟)」である。かれらがつくる風景は、日本の農耕とともに生まれ、今に受け継がれているのだ。

五感ポイント
穂の手触りのよさは、この仲間随一。

メヒシバ(p.82)など、ほかのイネ科植物と混ざり合いながら群生する。

秋

道路 線路 草むら 空き地 駐車場

アキノエノコログサ

Setaria faberi

イネ科

花期 8～11月

分布 北海道、本州、四国、九州

穂が出始めるのが少し遅いことから、「秋」とつくが、ほかのエノコログサ類と時期が重なるので、それだけでは見分けがつかない。エノコログサによく似るが、籾《もみ》が大きく、穂が重そうに垂れることが多いのと、毛が長くよりふさふさとした感じがして、かなり印象が異なる。色合いも少し彩度が低くくすんだ様子。よく群生し、一面に穂が揺れている風景をつくる。

穂の重みで少しずつ傾いている。

道路
草むら
空き地駐車場

エノコログサ

Setaria viridis

イネ科

花期 8～11月

分布 日本全土

夏、真っ先に穂を出し始める。この穂が子犬のしっぽに似ていることから「狗《えの》尾草《ころぐさ》」の名がついた。またの名は「猫じゃらし」。工業製品もあるが、本物のほうが、猫はきびきびと動くようである。葉や穂の色は鮮やかなライムグリーンで、明るい印象を受ける。

ムラサキエノコロ/穂が紫がかったものを区別する。砂利敷きの駐車場など乾燥した場所に多い。

五感ポイント
穂はほかの種に比べて細長く金色の毛が目立つ。

道路
草むら
空き地駐車場

キンエノコロ

Setaria pumila

イネ科

花期 8～10月

分布 北海道、本州、四国、九州

穂の毛は黄金色で、原っぱで群生する様子は、まるで収穫期の田んぼか麦畑のようだ。エノコログサやアキノエノコログサに比べて、穂が細長くスマートな印象を受ける。インドでは今でも穀物として栽培されていて、食用になっている。

コツブキンエノコロ/穂が短いものを別種として区別する。比較的、道路の隙間や砂利など乾燥した場所に多い。

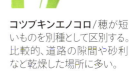

みちくさと歩く小春日和の散歩道

過ごしやすい秋の気候は、植物にとっても快適な季節。真夏は暑過ぎて花というより葉を茂らせるのに忙しかった**みちくさ**たちが、どんどん咲き始める。春と違うのは、イネ科やカヤツリグサ科のような穂の出るものが多いことと、小さい花、地味な花が多いところ。また、葉の一部が紅葉したり枯れたりして、冬の訪れを予感させる時期でもある。季節が1本の映画なら、ちょうど今はクライマックスに向けた大事なところだ。冬を前に、迫真の花を咲かせる**みちくさ**を愛でる秋の散歩もいいものである。

五感ポイント
穂を手でしごき取って感触を楽しむのは、もっぱら田舎の子どもの遊びである。

チカラシバ

Pennisetum alopecuroides

イネ科
花期 8～11月
分布 日本全土

よく道ばたに生えている**みちくさ**。かなりしっかりと土に根を下ろし、引き抜こうとしてもちょっとやそっとでは抜けないため、「力芝」の名がついた。大ぶりの試験管ブラシのような穂は黒っぽい紫色で、朝露に濡れる様子はとくに美しい。実は熟すと、動物の毛に絡みつき、タネを遠くに運ばせる。穂の美しさから、近年は園芸用に栽培され、都市部を中心に植栽される。

道路 / 草むら

五感ポイント
紫の小穂がまばらにつく。

カゼクサ

Eragrostis ferruginea

イネ科
花期 8～10月
分布 本州、四国、九州

人に踏まれるような道ばたにも平気で生え、道路の隙間にも多い**みちくさ**。紫がかった小穂《しょうすい》は、すっとまっすぐ伸びた軸から出た細い枝にまばらにつき、まるで繊細な銀細工のような美しさである。これが風にそよいで揺れる様は、たしかに「風草」の名にふさわしい。植物の名前は、あまり詩的すぎるのもよくないが、このカゼクサについては、納得の命名だ。

道路 / 空き地駐車場

ミチヤナギ

Polygonum aviculare var. aviculare

タデ科

花期 5～10月

分布 日本全土

道路　線路　空き地 駐車場

とてもとても地味だが、葉と枝ぶりの端正さは、かなり見どころである。細い葉は、名前のとおりヤナギを思わせる。葉は規則正しく交互につき、節ごとに「葉《よう》鞘《しょう》」と呼ばれる膜が茎を包み、アクセントになっている。花は緑に白い縁取り。這いつくばって見る価値のある花だ。道路の隙間や砂利道、グラウンドの片隅など、厳しい環境にも耐えて生える。

五感ポイント

花は緑色に白い縁取り。

道路わきや砂利敷き駐車場など過酷な環境でも構わず生えている。

イヌタデ

Persicaria longiseta

タデ科

花期 6～10月

分布 日本全土

草むら　空き地 駐車場

鮮やかな紅色の花穂《かすい》は、イネ科の穂と並んで秋の風物詩だ。開花は花穂の中でまばらに起こり、花と熟したタネが同居していることも珍しくない。咲き終わってもタネは紅色の花に包まれている。これが赤飯のように見えることから「赤まんま」の別名もあり、昔の子どもはおままごとによく使った。やや湿った道ばたや、田んぼの畦道に普通に生える。

五感ポイント

ままごとでは粒状の果実を集めて赤飯に見立てる。

オオイヌタデ／空き地や川縁に生える。イヌタデよりかなり大きく最大で2m。花穂は淡い紅色か白色。

日向では花が多くつき、日陰ではややまばらになる。

ゲンノショウコ

Geranium thunbergii

フウロソウ科

花期 7～10月

分布 北海道、本州、四国、九州

草むら

「現の証拠」。草の名前としては、最高に不思議なもののひとつだろう。下痢止めとしてよく効く薬草で、飲むとすぐ治るのでこう呼ばれる。やや湿り気があり明るい道ばたに多い。花の色は変化に富み、白、ピンク、紅色などが知られる。西日本は紅色、東日本は白が多いようである。

五感ポイント

果実は熟すと一部が反り返ってタネを巻き上げる。この姿が神輿(みこし)に似ているので「神輿草」の別名もある。

(上)東日本タイプ／白色で花びらにうっすら模様があり、雄しべは淡い紫。(下)西日本タイプ／紅色でかなり派手な色だ。花びらの模様は濃い紫。

ひっつき虫 秋は靴下についてくる

植物はいろいろな手練手管を使って、タネをどこか遠くに運ぼうとしている。そうしなければ、今いる場所で何が起こるかわからない。風で飛ばすもの、水に流すもの、弾けて飛ばすもの……。中でもいちばんちゃっかりしているのが、哺乳類の毛にくっついてタネを運んでもらうタイプだ。人はそれらを「ひっつき虫」と呼ぶ。タネが虫みたいに見えるので、植物なのに虫扱いである。そして、毛皮を持たないわれら人類は、代わりにセーターやフリースでかれらの勢力拡大に貢献しているというわけだ。

道路 線路 草むら 空き地駐車場

コセンダングサ

Bidens pilosa var. pilosa

キク科

花期 9〜11月
原産地 不明

葉が樹木のセンダンに似ているのでこの名がある。頭花は筒状花のみ。小ぶりで目立たないが、けっこうアブやハチが訪れている。河原や空き地に群れをなして茂っている。タネが熟してからがたいへんだ。フリースなどを着て通りかかった日には、繊維の奥までトゲトゲしたコセンダングサのタネがくっついて、タネを取り除いているのか、毛をむしっているかわからなくなる。

五感ポイント
多数のトゲをもつ果実が服によくひっかかる。

タネが放射状につく様子は打ち上げ花火のよう。

(上)**シロノセンダングサ**／白い舌状花が5つあるタイプ。
(下)**アメリカセンダングサ**／頭花を葉のような総苞片が囲んでいる。全体に紫がかる。

オオナモミ

Xanthium occidentale

キク科

花期 8～11月

原産地 北アメリカ

草むら　空き地 駐車場

在来種のオナモミはめっきり少なくなり、大きいほうが目立つ昨今である。日当たりがよく、痩せた土地を好み、荒れ地や河原などに群生している。鋭く先の曲がった棘の密生する実のようなものは、じつは2つの果実が包まれている「果苞《かほう》」という器官だ。素手でつかむにはちょっと勇気がいる。直径2㎝ほどと大きいので、ほかのひっつき虫よりは扱いやすく、ダーツ代わりに活躍してくれる。

五感ポイント

果苞の棘は、先端が鉤状に曲がっている。

チヂミザサ

Oplismenus undulatifolius var. undulatifolius

イネ科

花期 8～10月

分布 北海道、本州、四国、九州

草むら

やや湿り気の多い日陰を好む。都市部では、公園や緑地の木の下によく群生している。ひっそりと咲く花は、とても地味だが、小穂《しょうすい》から飛び出した雌しべの先端がブラシのような形で、案外かわいらしい。熟すと果実の周りが粘液でおおわれ、そのべたつきで動物にくっついてタネを運ばせる。水で流したくらいでは落ちないので、人間にはちょっと困るひっつき虫である。

タネの周りが粘つき、布にくっつく。

ブラシのような雌しべの先端。

五感ポイント

葉は縮緬（ちりめん）のように縮んでいる。

茎は地面を這うが、穂ができると立ち上がる。

秋の花 小粒でもピリリと

そもそも、地味な花が多い**みちくさ**だが、夏から秋にかけて、花はどんどん地味になっていく。イネ科やカヤツリグサ科、ヨモギのようなキク科の一部のように、風で花粉を飛ばす花が増えてくるからだ。だんだん気温が下がって虫の活動が少なくなってくるのだから、無理もない。けれども、そんな中にあって、まだまだ花ざかりで虎視眈々と虫を呼ぼうという連中もいる。春や真夏に比べたら地味だが。ぐっと近づくとどれも宝石のような魅力に満ちている。

アイナエ

Mitrasacme pygmaea

マチン科

花期 8〜9月

分布 本州、四国、九州、沖縄

草むら

空き地 駐車場

ごく小さな葉をプロペラのように何対か地面近くにつけるのが特徴。茎はすらりと細く伸びて、先端に数輪の花を咲かせる。やや湿気の多い土に生え、背の低い草地や芝生に混じることもある。昨今は非常に珍しくなっており、造成された新しい地域ではまずお目にかかれない。さまざまな自治体で絶滅危惧種に指定されているので、もし見つけたらラッキーだ。

五感ポイント

花冠は4つに裂ける。

下4枚の花びらが口ひげのようだ。

五感ポイント

葉をちぎると、「矢筈」のようになる。

ヤハズソウ

Kummerowia striata

マメ科

花期 8〜10月

分布 日本全土

草むら

空き地 駐車場

小さな葉は葉脈が目立ち、縁には毛が生える。葉先をつまんで引っ張ると、葉脈に沿ってちぎれる。このときの形が矢を弓につがえる場所＝「矢筈《やはず》」に似ているのでこの名がある。子どもの遊びとしては、ついついいろんなものをちぎるのが人情だが、名前になるほど昔からそういう存在だったというのはなんともおかしい。芝生や背の短い草むらによく生える。

秋

ニシキソウ

Chamaesyce humifusa

トウダイグサ科

花期 7～10月

分布 本州、四国、九州、沖縄

道路　空き地駐車場

茎の赤紫と葉の少しグレーがかった緑の取り合わせは、なかなかおしゃれだ。思わずしゃがみ込んで眺めてしまう。近年は葉に紫色の紋が表れる北アメリカ原産のコニシキソウに取って代わられており、姿を見なくなりつつある。砂利や土がむき出しの場所や、道路の隙間などに張りついて生えている。抜いてみると、1か所から根を深く降ろし、枝を広げて網の目のように広がっていく様子がよくわかる。

舗装面もカーペットのように覆う緻密さだ。

コニシキソウ/葉に模様が入ることでニシキソウと区別できる。

都市部ではほとんどがこちらに入れ替わっている。

クワクサ

Fatoua villosa

クワ科

花期 9～10月

分布 本州、四国、九州、沖縄

道路　草むら　空き地駐車場

葉がクワに似ているのでこの名がある。全体に紫がかり、茎は濃い紫色。葉のつけ根にそぼろのような花を無数につける。花びらはなく、わずかに雄しべが見えるのみだが、開花は一斉ではなく徐々に咲く。果実は熟すと水気を多く含み、やがてはじけてタネを散布する。根は緻密で広く張り巡らされ、不用意に抜くと周りの草もまとめてはがれる。やや日陰の道ばたに多い**みちくさ**。

幅広い環境に生えるが、ほかの草との競合には弱いらしく開けたところに多い。

五感ポイント

花はくす玉のように固まってつき、開花していると雄しべが目立つ。

エノキグサ

Acalypha australis

トウダイグサ科

花期 8～10月

分布 日本全土

道路　線路　空き地駐車場

名前は葉脈の模様がエノキに似ることから。道ばたや空き地に定番の**みちくさ**である。派手ではないが、深みのある緑には存在感がある。葉のつけ根に雄雌それぞれの花をつける。雄花は穂のようになっており、雌花は「総苞《そうほう》」と呼ばれる襟巻きのような器官の上に乗っていて、目立つ。果実はカボチャのような形で、中にタネが3つ入っている。

五感ポイント

エノキの葉のように葉脈が力強く3本目立つ。

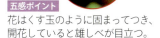

空き地に陣取る背高のっぽたち

植物とは、何も制限がなければ、どんどん成長していく生き物である。ただ、実際は動物がむしゃむしゃ食べたり、人間が草刈りをしたり、いろんなことが起こるので、やむなく今のサイズに収まっているだけで、かれらは潜在的にビッグな存在なのである。とりわけ**みちくさ**は、乾燥、人間の踏みつけ、車など、ありとあらゆるストレスにさらされている。けれども、オアシスのように水や養分、そして空間に恵まれたとき、かれらは存分に巨大化する。憎たらしい！と思い、ついつい抜きたくなるが、立ち止まってみよう。かれらは僕らに成り代わって、制限のない自由を堪能しているのかもしれない。

Chenopodium album

シロザ

ヒユ科

花期 9～10月
原産地 ユーラシア

道路　空き地駐車場

若葉が粉を吹いて白っぽくなるためこの名がある。変種のアカザは、紅紫色の粉を吹く。どちらも空き地や道ばたなど土の痩せた場所に生える。古い時代に中国から渡来した外来種で、食用に栽培していたとも言われる。太い茎は、中が空になっているので、乾燥させると軽くてよい杖になり、とくにお年寄りにはぴったりだ。有名な水戸黄門の杖の材はシロザだったらしい。

五感ポイント
若葉は粉を吹いて白っぽくなる。

まったく栄養がないような荒れ地でも、みるみる大きくなる。

Phytolacca americana

ヨウシュヤマゴボウ

ヤマゴボウ科

花期 6～9月
原産地 北アメリカ

草むら　空き地駐車場

根がまっすぐ下に伸びるので「山牛蒡《やまごぼう》」というわけだが、抜かなければ見えない。子ども心に実を見てブドウみたいだなと思っていた。いかにもおいしそうだが、有毒なので食べないほうがよい。潰すと紅紫色の汁が出てくるので、水の中で潰して色水をつくったり、布を染めたりと子どもが遊ぶのには最高の材料となる。ただ、手や服まで紫色になるのには閉口したものだ。

五感ポイント
あまり目立たない花だが、よく見るととても鮮やか。

こんなに大きいが、強く引っ張ると案外簡単に抜ける。

竹のように節があり、葉柄など赤紫色が随所に目立つ。

イタドリ

Fallopia japonica var. *japonica*

タデ科

花期 7〜10月

分布 北海道、本州、四国、九州

線路　草むら　空き地駐車場

河原の土手や線路沿いなど、比較的開けたところに群生する。強烈な地下茎で増えるため、アスファルトが破壊されることもあるほどだ。ヨーロッパでは、旺盛な繁殖力により害草となっている。春の芽出しは「すかんぽ」と呼ばれ、皮をむくと食べられる。酸味が強い。雌雄異株で、どちらも葉のわきにびっしりと白っぽく小さな花を房にしてつけるので見ごたえがある。

五感ポイント

タネは薄い膜の真ん中に納まっており、風に乗って飛ぶ。

ヒカゲイノコズチ　ヒナタイノコズチ

Achyranthes bidentata var. *japonica* / var. *tomentosa*

ヒユ科

花期 8〜9月　**分布** 本州、四国、九州

道路　線路　草むら　空き地駐車場

よく似た「双子」のような**みちくさ**だ。名前のとおり、ヒナタイノコズチは日向に多く、ヒカゲイノコズチは日陰に多い。葉が出ている節の部分がぷくっと膨れていて、これをイノシシのかかとに例えたのが名前の由来だ。もっとほかの何かに例えられなかったのかと思うが……。花は銀色がかったうぐいす色。大人好みの色である。タネがつくころにはぐっと伸びて絡み合い、薮のようになる。タネはやっかいな「ひっつき虫」のひとつ。

公園の木陰のヒカゲイノコズチ。花穂（かすい）が長く、開花中は垂れている。

五感ポイント

小さいがとても愛らしい花をもつ。ルーペなどで拡大して見て欲しい。

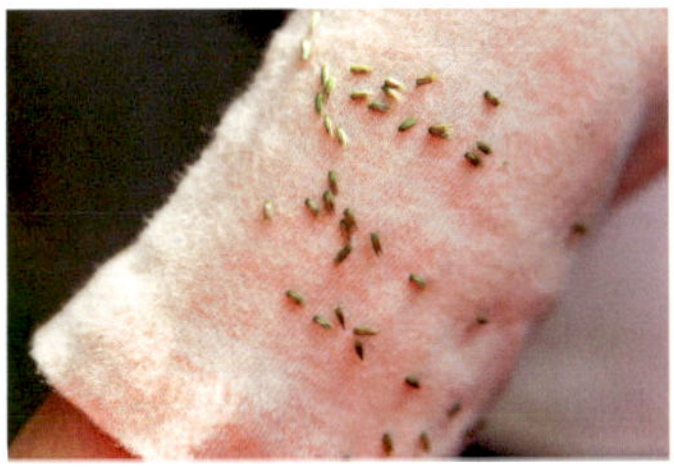

果実は下の部分に棘があり、服にくっつく。

壁際のヒナタイノコズチ。大型になると地下に養分を溜め、かなりしぶとい。

秋の土手は戦場 みちくさ三国志

秋を彩る、強力な3種類の**みちくさ**がいる。かれらは、空き地や河原、ちょっとした土手に陣取って互いに激しく縄張《なわば》り争いをしているライバル同士だ。まるで3つの国が争った三国志のように、ずっと鍔迫《つばぜ》り合いを続けている。はじめに国を治めていたのがススキだ。しかし、そこへアメリカからセイタカアワダチソウが参戦し、近ごろはセイバンモロコシが加わって三つ巴になりつつある。この戦いに終わりはあるのか、それは誰にもわからない。

茅葺き屋根を支えるために広大な「茅場」が維持された。

ススキ

Miscanthus sinensis

イネ科

花期 8〜10月

分布 日本全土

道路
線路
草むら

かつては茅葺《かやぶ》き屋根の材料として、日本人の生活に必要不可欠だった**みちくさ**だ。大きな株となり、その株が年々大きく広がっていくため、ほかの草の追随を許さない。漢字で「薄」と書くが、これは原っぱに群れている様子を示している。穂の部分は「尾花」という。「茅・萱」は、ほかの草も含むが、屋根を葺《ふ》く材料としての名前だ。茅を刈る場所を茅場という。名前の多さは、重要度の裏返しである。かつて、日本が草原におおわれていたころ、ススキは間違いなくその主役であった。その断片がいまだに都市に含まれているのだ。

東京都雑司ヶ谷の鬼子母神では、ススキの穂でつくられたミミズクが売られている。かつて東京郊外にあったススキ原の名残だ。

五感ポイント

穂の色は個体差が大きく、紫が濃いものや、茶色がかったものなどバラエティーに富んでいる。

五感ポイント

葉をちぎるとヨモギにも似た独特の匂いがある。

Solidago altissima

セイタカアワダチソウ

キク科

花期 10〜11月

原産地 北アメリカ

道路　線路　草むら

あまりの繁殖力に、一時は造成地や休耕田のかなりの面積がこの黄色に染まった。地下茎を網の目のように張り巡らせ、根から出す忌避物質《きひぶっしつ》でほかの植物の発芽を抑える。まさに、一人勝ち。しかし、近年は自らの忌避物質で勢力が弱まり、雌伏の時を過ごしていたススキが巻き返しはじめている。嫌われ者だが、花は豊富に蜜を出すため、虫たちにはありがたい存在だ。草木染めにも最適で、黄色系の色が出る。喘息《ぜんそく》の原因と言われたが、花粉は飛ばさないので完全な濡れ衣である。

Sorghum halepense

セイバンモロコシ

イネ科

花期 8〜10月

原産地 地中海地方

道路　草むら

雑穀のモロコシと近縁で、ヨーロッパ産なので、「西播蜀黍」という。戦後、急速に数を増やし、ススキとセイタカアワダチソウとの三つ巴の抗争に参戦している。と言いたいところだが、こちらはやや湿った土を好み、あまり争いには参加しないようである。とはいえ、河原の土手や道ばたに群れをなして生え、地下茎でどんどん増えていく困った雑草だ。若葉には青酸化合物が含まれ有毒である。

蔓を伸ばす際には巻きヒゲによって勢力を拡大。

ノブドウ

Ampelopsis glandulosa var. heterophylla

ブドウ科

花期 7〜8月

分布 日本全土

草むら　フェンス

道ばたの薮や、住宅の植え込みなどに絡みついている蔓草。ブドウと名前がついているものの、食べられない。水色、青、紫と色とりどりの果実が楽しい。ときどき膨れた実があるが、タマバエが寄生して虫こぶ(67頁を参照)になっているものである。

キレハノブドウ/葉が深く切れ込んだものを区別する。

秋

果物として栽培されるブドウにかなり近い。果実が酸っぱく、ほぼ同じ味がする。

エビヅル

Vitis ficifolia var. ficifolia

ブドウ科

花期 6〜8月

分布 本州、四国、九州

草むら　フェンス

果物であるブドウの親戚。実は酸っぱいが、ちゃんとブドウの味がする。若葉の裏に毛が密集していて、白に赤みが差した様子がエビに似ているので、この名がある。葉は成長しても全体に毛が多い。紅葉は深い紅紫色になり、たいへん美しい。

蔓植物——実りの秋

秋の植物たちは、夏の間に貯め込んだエネルギーを果実やタネに蓄積していく。たわわに果実をつけるのは、どうしても次の世代を残したいからだ。その意気込みをありがたく利用させてもらっているのは、鳥たち。果実はどれも栄養価が高く、ヒヨドリやカラスが競ってついばんで、冬に備えている。だが、かれらは気づかない。植物の手のひらで転がされていることに。鳥が飛んでいく先は、消化されずに糞に含まれるタネの、新天地となるのだ。

ヤマノイモ

Dioscorea japonica

ヤマノイモ科

花期 7〜8月

分布 本州、四国、九州、沖縄

草むら　フェンス

いわゆる「自然薯《じねんじょ》」のこと。芋の形は地下の状態でさまざまに変わるので、ひとつずつ異なる。雌雄異株で、とくに雄花はびっしりとつき見応えがある。葉は細長いハート型でかわいらしく、黄葉が美しい。タネには薄い膜があって風に乗って広がるほか、むかごでも増える。

ジャガイモのような形をしたむかご。

五感ポイント

蔓や葉を指ですりつぶすと、山芋らしくぬるぬるする。

夏場はほかの葉に紛れてしまう。
冬になって黄葉するとかなり目立つ色である。

カラスウリ

Trichosanthes cucumeroides

ウリ科

花期 8〜9月

分布 本州、四国、九州

草むら

植え込みの木によく絡んでいる。茎や葉には白く短い毛が密生しており、遠目には白っぽく見える。水分が多いせいか枯れると縮れてしまう。花は夜に開き、蕾《つぼみ》を持ち帰ると屋内で咲かせることもできる。果実はヒヨドリなど中型の鳥が好んで食べる。

五感ポイント

カラスウリのタネは大黒様に似ている。お財布に入れておくとお金が増えるかも!?

アオツヅラフジ

Cocculus trilobus

ツヅラフジ科

花期 7〜8月

原産地 東アジア

草むら　フェンス

地味ながら、道ばたの薮や植え込みでよく絡みついている。若い茎や、葉の両面に淡い褐色の毛が生えている。葉の形は変異が大きい。雌雄異株。花は花びらが6枚。かなり小さいが、虫眼鏡で見ると星のようでかわいらしい。果実は白みがかった黒で、いかにもおいしそうだが有毒である。

3枚の萼の中に花びらが6枚という変わった構造をしている。

覚えておきたい秋のみちくさ

もともと地味なみちくさが、ますます地味になるのが秋。
残暑を成長に変え、ぐんぐん伸びて美しく枯れていく。

※開花時期の早いものから順に紹介。

ヨモギ

Artemisia indica var. *maximowiczii*

キク科

花期 9〜10月

分布 本州、四国、九州、沖縄、小笠原

道路　線路　草むら　空き地駐車場

道ばた、空き地など幅広い環境に生える。草餅の材料はもっぱらこのヨモギで、春の若葉を集めてゆで、餅に混ぜて用いる。葉の裏側には白い綿毛が密生し、お灸に使う「もぐさ」はこの綿毛を集めたもの。地下茎で増えるため、しばしば1か所に群生する。

(上)花期には小さな頭花をびっしりつける。
(下)全体に白い毛におおわれている。

カラムシ

Boehmeria nivea var. *nipononivea*

イラクサ科

花期 7〜9月

分布 本州、四国、九州、沖縄

草むら

茎《から》を蒸して、繊維を採るのでこの名がある。繊維は長くて丈夫で、苧麻《ちょま》と呼ばれ古来より栽培される。そのため自然の中よりも、人里に多く生える。地下茎が発達するので、抜こうと思うととんでもない苦労をする。河原やちょっとした土手に群生する。

旺盛に成長し、時に2m近くにもなる。

アメリカタカサブロウ

Eclipta alba

キク科

花期 8〜9月

原産地 アメリカ

道路　空き地駐車場

「高三郎」と書くが、語源はよくわからない。植え込みや、道路の隙間の比較的湿ったところに生える**みちくさ**。元来は田んぼの雑草で、在来種のタカサブロウに取って代わりつつある。高さ70㎝にもなり、葉も大きいが、頭花は小さく1㎝ほど。

(上)細い舌状花が縁取り、中の筒状花は雄しべが出ると黄色く目立つ。(下)葉や茎に短い毛がはえており、ざらざらする。

カニクサ

Lygodium japonicum

カニクサ科

分布 本州、四国、九州

草むら　フェンス

世にも珍しい、蔓性のシダ植物である。しかも、蔓になって樹木やフェンスにからみついているのは、巨大な葉っぱの軸の部分というから驚きだ。蔓から出ている葉に見える部分は、葉のパーツである小葉である。その小葉を2つ並べると、まるでカニがハサミを2つ構えているようなので、「蟹草」という。胞子がつく胞子葉は葉の先のほうに現われ、普通の小葉より細かく切れ込む。繊細な葉はリースに最適。

葉の先にある小さくなった部分の裏に胞子嚢群がある。

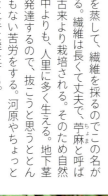

ホナガイヌビユ

Amaranthus viridis

ヒユ科

花期　6～11月

原産地　熱帯アメリカ

道路　線路　空き地 駐車場

道ばたや空き地に生えるが、畑や牧草地でとくに多い**みちくさ**。窒素分を好むようで、農村では牛糞の山などによく群をなして生えている。葉は菱形で、工芸品のような美しさがある。近縁のヒユは野菜として栽培されており、雑穀の「アマランサス」もこの仲間である。

穂にはたくさんの小さなタネが実っている。

ブタクサ

Ambrosia artemisiifolia

キク科

花期　7～10月

原産地　熱帯アメリカ

草むら　空き地 駐車場

花粉症や喘息《ぜんそく》の原因となることであまりにも有名だが、最近はオオブタクサの勢力拡大が著しく、影が薄くなってきている。頭花は穂となって立ち上がり、赤い茎と相まって決して醜くない。「豚草」という名前は少しかわいそうな気もする。明治時代に渡来した外来種。

学名はヨモギに似たという意味。葉の切れ込み方がヨモギに似ている。

センニンソウ

Clematis terniflora var. terniflora

キンポウゲ科

花期　8～9月

分布　日本全土

草むら　フェンス

よく薮や植え込みに絡みついている蔓草。花茎が枝分かれしてたわわに花を咲かせる。その様子はまるで満天の星のようで、見事である。ハナバチを中心に、盛んに虫たちが訪れる。タネには羽毛のようになった雌しべの先端が残り、これを仙人の髭《ひげ》に例えた。

クレマチスの中でも飛び抜けて花つきがよく、絡まった場所全体が花で真っ白になることも。

メリケンカルカヤ

Andropogon virginicus

イネ科

花期　9～11月

原産地　北アメリカ

道路　線路　草むら　空き地 駐車場

造成地や道路沿いなどで、目立つようになった**みちくさ**。茎はまっすぐ立ち、先端が少し傾ぐ程度。茎には交互に葉がつき、そこから穂が出る。熟したタネには白い綿毛がついており、風に吹き寄せられて雪のように舞うことがある。草紅葉も美しい。

（上）穂は葉のわきにつく。
（下）茎はぴんと直立し、風に合わせて揺れる。

COLUMN

厳冬期だからこその景色を愉しもう！

冬に自然観察なんて、見るものなんかあるんですか？と、よく聞かれる。僕は冬も休まず「みちくさ部」という名前の自然観察会を開いているからだ。そういうときは、決まって「案外、見るものありますよ！」とだけ答えるようにしている。見つける目さえ持てば、冬の自然もなかなか悪くない。

枯れるものたちの美

正直言って、ときどき生きている生の植物がうとましく思うことがある。生命力に溢れ、鼻息が荒そうで、一緒にいると少し疲れるような気がする。そこにいくと、冬の枯れた**みちくさ**は、とても静かだ。何も言わずに、純粋に形だけを楽しむことができる。無理矢理作ったドライフラワーとも違う、枯れて色を失ったものの清々しさがそこにはある。冬の散歩では、そういう枯れたものを飽かず眺めてしまう。

寒さに耐える

寒さにぐっと耐えている様子も見どころのひとつだ。寒さで生じ

ナガミヒナゲシのロゼット。

カラスノエンドウの芽生え。

冬越するセイヨウタンポポ。

厳冬期も花を咲かせるホトケノザ。

枯れたカラスウリの果実。

ノゲシの草紅葉。

る活性酸素から身を守るために、抗酸化物質のアントシアンを体内に作った結果、赤や紫に紅葉した**みちくさ**が随所に見られる。木の紅葉は晩秋だが、草紅葉はむしろ厳冬期が見ごろだ。寒ければ寒いほど色鮮やかになる。こういう形の「花」も悪くない。それから、霜が降った日のみちくさは格別だ。白く結晶した霜のついた植物もまた、自然の作り出す花である。

冬越しの形

色づくだけでなく、形も寒さに対応して独特な形になっている。地面にべったりと張りついて、美しい放射状に開いた葉は、それだけで花のようだ。これを「ロゼット」という。まさに葉のひらく形をバラ(ロゼ)に例えたものだ。この時期、葉を不用意に地面より高い位置に出すと、放射冷却で凍結して「霜焼け」してしまう。それを防ぐための形なのだ。とくに土がむき出しになるような場所は、このロゼット鑑賞にはぴったりである。

ほかにも、秋のうちに芽を出して、春の開花に供えている気の早い植物もいる。カラスノエンドウだ。春になれば、勢いよく蔓を伸ばして大きくなるが、冬の間は、落ち葉の陰で小さくなって出番が来るのを待っている。

眠らない花

温暖化のせいもあって、どんなに寒くても咲いている花がある。厳しい寒さに打たれ、葉をアントシアンで赤く染めながら咲く様子は、心を打つものがある。

どんなに寒さが厳しくても、よく探してみると冬の中にはひとさじの春が含まれているはずだ。冬の**みちくさ**散歩は、その春をひとつずつ拾い上げて楽しむことができる遊びなのである。

日本最北に咲くみちくさ

僕らの旅は終わりにさしかかっていた。オホーツク海の、思ったよりも明るい青を右手に、笹におおわれた宗谷丘陵の丸っこい稜線を左手に眺めながら、車はまっしぐらに宗谷岬を目指していた。北海道では、ヨーロッパの園芸植物がたくさん野生化して独特な風景を作っていた。ルピナスにマーガレット、コウリンタンポポなどだ。関東以上に、道ばたに生える**みちくさ**は、外来種が多いようだった。

そして宗谷岬、最北端の記念碑の周りで、記念撮影に勤しむほかの観光客を尻目に、僕らは**最北のみちくさ**を探した。しかし、記念碑の下の石畳を探してもそれらしいものはない……。半分諦めて、柵の外側、つまり本当の意味での最北端をみると、なにやら緑のものがコンクリートの隙間に張りついていた。あった!それは、ハマツメクサだった。ツメクサと言えば、**みちくさ**の中でもとくに過酷な環境に生える求道者のような存在だ。厳しい潮と寒さに耐え、最北の地に、ふさわしく鍛えられ、凛としていた。けれども、一方でその姿は東京で見るツメクサとあまり違いはない。東京の路上も、最果ての宗谷岬に負けず劣らず過酷な環境なのかもしれない。誰も気がつかないような場所にひっそりと咲くハマツメクサは、過酷な環境をものともせず凛然と生きる**みちくさ**の生き様を教えてくれた。

日本最北で咲いていた植物(2015年6月)。
ハマツメクサ(ナデシコ科)。

いつもの道で静かな記録活動

文・イラスト／岩田とも子

路上にいつの間にか姿を現して、世の中の出来事ともまったく関係なさそうに生えていた……。そんな植物たちと静かに向き合った**ある研究所**による数か月間の**路上植物の観察記録**がここにあります。**信号待ちをする道路わきと散歩道の分岐点**。そこで起きた植物にまつわる小さな出来事から、知っているようで知らなかった世界が見えてくるかもしれません。

1

7月29日 街灯がそばにあるので夜でも明るい。植物は縁石と青いロードコーンに囲まれている。

エノコログサっぽい！

2

8月5日

3

8月20日

4

9月10日

小雨。草の層が厚みを増している。茎の先を見たところ、これはエノコログサじゃなくてメヒシバかも！

5

10月26日

雨。メヒシバはほぼ消滅。青いロードコーンも植え込みに移動されている。両者の間に一体何が起きたのだろう。

メヒシバのかわりにすぐ近くにスベリヒユ、外来種のアリタソウ、オヒシバなどが小さく根を張っていることを「みちくさ部長」による調査で知る。植え込みの青いロードコーンをどかしてみると、下にはムラサキカタバミがカイワレダイコンのような芽を出していた。ロードコーンの下でもちゃんと日が入ってきて、温室のようになっているようだ。

2月4日 雪。青いロードコーンがあった場所に黄色い紙が落ちている。
読めない外国語で何か書いてある。

6

イチョウの葉がまだ残っているのが不思議。黄色い紙がロードコーンの置き手紙みたいに見える……。

7

3月18日 青いコーンが姿を消したまま戻ってこない。ただ、植え込みには青いロードコーンのフィールドサイン的な空き地ができてる。ムラサキカタバミはロードコーンが去った後、急に冷気に触れたせいだろうか姿を消していた。

そして、この植込えみの反対側の端には新たに緑のロードコーンが置かれていた。

東京都千代田区
末広町駅2番出口の交差点の横断歩道右側。
ブロックの隙間から植物が生えてくる。
記録開始当時青いコーンが置かれていた。
コーンを押しのける勢いで生えていた
メヒシバに注目。※2013年7月～2014年3月

自分だけの観測地を見つけるポイント

“いつもの道”で探してみる。それが地味な場所に思えてもかえってよかったりする。予想外な展開があるかもしれないし、ないかもしれない。

目印になるものがある場所。例えば交通標識の足元、フェンスの一番端っこなどが覚えやすく、人工物が目印になる。植物の成長の物差し代わりにもなる。

東京都北区
新荒川大橋十字路にある交番のはす向かいの角。近くの黄色い支線ガードの根元から植物が生えてくる。主にアカメガシワが枝を伸ばしては伐採されるのを繰り返している。時々エノコログサやホソムギ、タンポポなども生えてくる。
※2013年8月〜2014年9月

1

記録を開始してから2か月

10月7日 葉の成長がとまり、葉はところどころ痛んでみえる。上から落ちてくるイチョウの実が増えた。

2

10月8日 昨日見たばかりなので変化は特にないかもと思ったが、黒くて小さなものが葉の上にあることに気がついた。どうやらクモのようでそれを撮影してみた。

たまたま通りかかった女性に「何を撮ってるんですか？」と声をかけられた。

3

10月11日 前回と同じクモが葉のわずかな反りを使って網を張っていた。網にはキンモクセイの花がひっかかっている。

別の葉の上には緑色に光る小さなハエがとまっていた。

4

11月23日 夜、ここを通るとこのアカメガシワが伐採されているのに気がついた。

昨日、下流の川に刈られた草がちらちらと流れていた。きっとどこかの川岸で草刈りがされているのだろうと思っていたのだけど……周辺の路上もそうだったみたい。

5

年が明けた

1月6日

6

変化なし……

2月6日

7

2月9日

関東は10年に1度の大雪！

昼間はよく晴れていたので雪もだいぶ溶けていて、植物のまわりはとくに雪が溶けている。

8

変化なし？

3月7日

9

アカメガシワの赤芽！

ホソムギ⁉

タンポポ！

4月24日

10

5月31日

研究員たちにこの場所を案内

今日は研究所の調査地が近くの荒川だった。ここのアカメガシワを紹介しながら葉をめくって気がついたのは予想以上に枝が伸びていた、ということだ。

11

9月2日

予想外の成長ぶり！

枝が縦にも横にも広がりはじめた。葉の付け根にはアリと草食性のテントウムシダマシ、葉のくぼみでクモが網をつくっている。枝にはびっしりと白い何かがくっついていてその上をアリが歩いている。

12

9月22日 ついにアカメガシワが伐採された。頭上に生えるイチョウには実がなりはじめたようで、いくつか落ちている。この場所で記録をはじめてからすでに1年が経つ。

これからこの場所で起こることを少し知っている。けど知らない。

ある研究所とは

PPR 空想地学研究所

植物は地球に根をはりながら葉や枝の先、飛んでいく綿毛や花粉、呼び寄せる生き物を使って宇宙の中に地球の軌跡を刻む。それらが地球の回転によって太陽系に巨大なレコードをつくりだしている。PPR空想地学研究所は、日常的な植物観察からはじまる小さな研究を通じてその巨大なレコードを体感する組織です。

いますぐ実践できる！みちくさポーズ集

みちくさを見つけたとき、あなたはどんな行動をとるだろうか……。上からのぞきこむ人、しゃがみ込む人、また写真を撮る人ならば、寝転ぶこともあるだろう。
街中だと、つい人の目が気になってしまうが、そんなことは気にしてはいけない。**みちくさ**がもっとも魅力的に見える角度を探すために、あらゆる方向からのぞいてみよう！

③

①
④

②

【初級編】

①チラ見
歩きながら、待ち合わせのついでに、ちょっとだけ気になるみちくさを観察しよう。遠目から。

②中腰
これくらいだとまだ恥ずかしくない。ちょっと腰をかがめて、のぞき込むようにして観察だ。

③おしとやか座り
さらに近づくには腰を落とそう。ズボンじゃないから無理？　大丈夫！　このポーズなら、スカートでもOK。

④しゃがみこみ
スカートでなかったらもっときちんとしゃがみこもう。観察も撮影もみちくさの間近でできる。

⑥

⑤
⑦

【中級編】

⑤立膝
しゃがむのはくたびれるので、思い切って地面に膝を立てていこう。あとで洗濯すればOK。

⑥体育座り
あまりガツガツするのはお好みでないあなたには、文庫本片手にこのポーズ。読書がてら観察しよう。

⑦大仏
もっと腰を据えてみちくさしたいときは、どっかりあぐらをかいて座り込もう。花に虫が来るかも。

⑨

⑧

【上級編】

⑧匍匐前進
そんな及び腰じゃダメだ！　もっと舐めるように眺めたいあなたには、自衛隊もびっくりのこのポーズ。

⑨涅槃《ねはん》
もはや、仏陀のように悟りを開くならこのポーズ。他人の目は消え失せ、ただただ、優雅にみちくさを愛でる。

みちくさを
使った遊び
やってみよう!

もっと暮らしに植物を!

みちくさの遊び方

もっとも身近な植物・みちくさ。図鑑でちゃんと調べたり、夏休みの宿題みたいに押し葉にしたり、ルーペでしかつめらしく観察したり、というきちっとした観察もいいけれど、もっと気楽に自由に楽しみたい。何しろ、刈ってもむしっても次々生えてくる「雑草」たち。驚くほど美しい形、さまざまな質感。遠慮せずに、触って、摘んで、花瓶に飾ろう。その気になれば、リースや染物、陶芸だってできる。ここで紹介するのはほんの一例。自分なりの遊びをぜひ見つけてほしい。

彩る、遊ぶ、毎日のみちくさ

左から、ナツコさん、ミゾコ、みほけん。東京にある『ダイアログ・イン・ザ・ダーク※』に勤める。いつも考えるのは「場所」と「感覚」のこと。

※『ダイアログ・イン・ザ・ダーク』暗闇を体験するエンターテイメント。視覚障害を持つ「アテンド」とともに、さまざまなシーンを体験して、コミュニケーションの大切さ、ひとのあたたかさを思い出す。
http://www.dialoginthedark.com/

なにも予定がない休日は、仲のよい友達とお散歩してみよう。
歩きながら目についた植物で遊んでいたら、
時間なんてあっという間に過ぎるはず。

みちくさは観察するだけでも充分楽しむことができるが、気に入った植物があれば摘んで帰って、家に飾ったり、洋服の装飾に使ったりするとよりいっそう日々を彩ってくれる。なんといっても材料費はタダだ。街を歩けば素材はそこら中に転がっている。暮らしの中にみちくさがあるだけで、その場所は砂漠の中のオアシスのように生命力をまとう。春のタンポポ（36頁）にハルジオン（41頁）、夏はツユクサ（52頁）と、季節折々のみちくさをどんどん活用してみよう！

わいわい、がやがや。楽しい仲間とおしゃべりしながらやるのもいいだろう。

ナツコさんに、葉っぱを盛りつけだしたら止まらない。道ばたでみつけた葉もおしゃれアイテムに。

それぞれが知っている植物を使った遊びを紹介しあうのも楽しい。

トゲがある植物の葉を持つときは、細心の注意が必要だ。

みちくさで装う！

高価なアクセサリもよいけれど、みちくさを摘んで装うアクセサリーはかえって贅沢な気がする。葉をひとつだけ、穂先、枝先をちょっとつまむだけでその植物のいいところを身につけることができる。ボタンホールに挿したら気の利いた紳士のようだし、髪飾りにしたらニンフのようだ。なにも、たくさんはいらない。ちょっとだけ、それだけで楽しい。スミレ（31頁）や、ペラペラヨメナ（85頁）でも試してみよう。

ボタンホールに、ヒナギクの花を刺すだけで素敵に。

髪飾りは、すこし大きめに。カラスノエンドウに紅葉を。

パーティーのブートニアにセリバヒエンソウとイヌワラビを。

みちくさアートを愉しもう！

みちくさを使って自由に描いてみよう。道ばたや壁、はたまた誰かの背中。カンバスはどこにでもある。カラフルなペイントみたいに、はっきりくっきりとした色は出せないけれど、まるで最初からそこにあったみたいで、気がつくと思わず笑っちゃうような景色が作れるはずだ。ざらざらしたものはくっつきやすいので、カナムグラ（72頁）やヤエムグラ（59頁）でやってみよう。もちろん、後片付けは忘れずに！

壁のツタに、落ち葉を挟んでみる。

ツタと落ち葉を使って壁にアートを。

ミゾコのセーターに色々な葉を貼ってみた。

みちくさを飾る！

いちばん気楽に楽しめるのは、なんといってもちょっと摘んできたみちくさを花瓶に挿すこと。なにか準備がいる？ いらない、いらない！ ふと思いついたら、摘む。それだけ。摘んだその手をちょっとかばいながら家路を急ぐことぐらい。夏だったら、ティッシュを濡らして包んであげよう。例えば、花がしばらく咲いているシロツメクサ（43頁）やシチヘンゲ（84頁）がおすすめ。

歩きながらお気に入りのみちくさを集めて花瓶などに挿してみよう。
散歩道には一輪挿し※の材料が集まっている。

※一輪挿し『Joyau』 https://www.facebook.com/shop.joyau/

みちくさでつくる気取らないリース

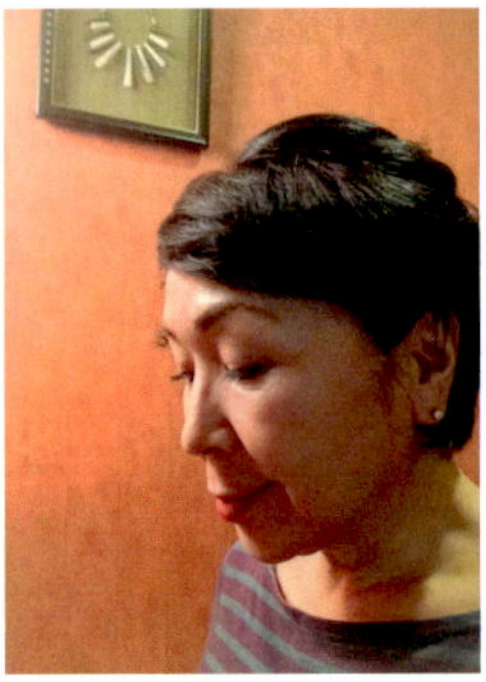

高瀬美紀
（たかせ みき）
道草家。草花教室「Studio Plants」を主宰。さまざまな場所に出かけ、その土地土地の光景をその土地の植物で表現している。鎌倉FMのパーソナリティとしても活躍中。
http://flowermiki.exblog.jp/

蔓草は自由だ。どこでも好きな場所に伸びてゆける。
かれらの体を借りて暮らしを飾るリースを作ろう。
でも、「作ってやろう！」と気取らないほうが、いいみたいだ。

蔓草や、しなる枝を輪にしてつくるリース。すっかりクリスマスの風物詩になって、出来合いのものも売られているが、あんまり完璧すぎて、くつろげないこともある。ならば、自分で作ってしまおう。道草家の美紀さんにコツを伺ったら、「リース作りは、見つける喜びなのよ」とのこと。そう、まずはみちくさしながら、素敵な形を見つけること。その形に、少し手を加えるだけで、その人だけのリースが生まれる。立派なデコレーションはいらない。道ばたのヘクソカズラ（70頁）や、ノブドウ（102頁）があるだけで、実りのにぎやかさが部屋にあふれるはずだ。

用意するものは注意深さとハサミだけ。

カゴノキの枝を小脇に抱えて、テイカカズラを編む美紀さん。視線はいつも、草木の形を注意深く見ている。

見つけて採集

蔓草は、互いに絡まり合ったものを採集するのは難しいが、フェンスや樹木におおいかぶさったものは、案外採りやすいことも多い。放っておくと管理人によって取り除かれてしまうかもしれない。チャレンジしてみよう。

トベラに絡まったヘクソカズラをそのまま採集。ちょっと臭いけど、我慢。我慢。

夏の間にぐんぐん伸びて、枯れはじめたツユクサ。絡ませれば立派なリースになる。

枯れることを楽しもう

リースは春夏秋冬、いつでも楽しめる。みずみずしい夏の蔓草でつくるフレッシュリースは格別だ。けれども、リースの楽しみはじつは時間にある。時間とともにどんどん変化する様を鑑賞しよう。枯れることによる変化も、リースの魅力のひとつだ。

枯れたセンニンソウをテーブルに置いて形を整えるだけでも立派なリースになる。

飾り方、いろいろ

リースを飾る場所の定番は、やはりドアだ。訪れる人を、季節の彩りで迎えたい。けれども、それにこだわらなくてもかまわない。お皿に平たく載せてテーブルに飾るのもいいし、小さなリースをワインボトルにかければリボン代わりにもなる。

ワインボトルのリボン代わりに、テイカカズラの小さなリース。

ヘクソカズラのリースでお出迎え。金色の実が美しい。

ちょっとしたスタンドがあれば、棚の上にディスプレイすることもできる。

半分枯れているアカネをくるくる丸めて、サンショウの実をアクセントに。落ちている実はデコレーションにぴったりだ。

撮影協力：Office Toyoda（http://www.officetoyoda.co.jp/）

中級編

みちくさで草木染めを楽しむ

福留晴子
（ふくとめ はるこ）
野生植物の調査や公園の管理運営に携わる傍ら、「人も植物も ともにいきいきとつながりあう」、そんな暮らしを愉しむための（野草・ハーブ・草木染などに関する）ワークショップを「北鎌倉たからの庭」などで実施している。森林インストラクター・公園管理運営士。
http://takaranoniwa.com/

みちくさは、色彩の宝庫だ。それは、目に見えている色だけでなく、植物の身体奥深くにも隠れている。草木染めは、その隠された魅力を引き出してくれる。

身近な植物で楽しめる草木染め。タマネギの皮が有名だが、無尽蔵にあるみちくさからも、思いも寄らない色が現れる。いろいろやってみると、同じ植物でも場所や季節によって色が変化することに気づくはず。生まれる色は、やわらかく心落ち着く色ばかり。その場所でしか生まれない色を楽しんでみよう。森林インストラクターの晴子さんに教わった、くるみボタンの作り方を紹介しよう。

1 まずは材料を集める

植物は、部位や採集する季節によって、色合いが変わる。色が濃いめの株を狙ってみよう。

状態のよいところを選んでハサミで、ちょきちょき。

セイタカアワダチソウは色素が多くおすすめだ。ミョウバン媒染で黄色に染まる。

2 洗って、ちぎって

採集してきた植物は、よく洗って軽く水を切っておく。とくにみちくさは、ホコリやススが多いので念入りに。洗ったら、ちぎって小さなサイズにしておく。

①

水で念入りに洗う。

②

茎からちぎって、煮やすいサイズに。

3 布の準備

むら染めを防ぐため、水に浸けておく。木綿は事前に豆乳を薄めた液に浸してから、乾かしておいたものを使う。

③

ボタンに合わせて布を切る。模様があるとアクセントになって面白い。

④

ミョウバンは60℃以上のお湯で溶かして、媒染液をつくる。

用意するもの

ハサミ、色のついていない布（木綿や絹）、くるみボタンキット、ザル、ステンレスのボウルやバット、鍋（ステンレスやホーローがよい）、トングか菜箸、媒染剤《ばいせんざい》※（焼きミョウバンなど）、ガスコンロ

※媒染剤の例。左から、焼きミョウバン、天然銅、木酢鉄、椿灰の上澄み液。

4 染液をつくる煮出し作業

布の下準備ができたら、いよいよ植物のエキスをもらうための煮出し作業だ。中火で30分が目安。やわらかいものは短く、逆に木材のような硬い物はもっと時間をかけて煮出してゆく。2番液、3番液も色が出れば使える。

沸騰したら中火にして、色が出るまで煮続ける。

十分煮えたら、ザルでこして煮汁だけにする。これを「染液」という。

染液はすでにカラフル。この段階で色の傾向がわかる。

10〜15分煮込む。隣に媒染液を用意しておくとスムーズ。

5 いよいよ、染めの本番！

準備した染液を火にかけながら、布を煮込んで、色をつけてゆく。最後に媒染液にくぐらせて色を定着すれば染色完了だ。最後によく洗って乾かす。

④で作っておいた媒染液にくぐらせる。ぱっと色が現れるうれしい瞬間だ。

水洗いしたら、陰干しする。

出来上がったボタン。
上から
1列：ハマヤブマオ2トーンカラー（ミョウバンと銅）（ミョウバンと鉄）
2列：ハマヤブマオ（ミョウバン）（銅）（鉄）（椿灰）
3列：セイタカアリダチソウ（ミョウバン）（銅）（鉄）（椿灰）
4列：クズ（ミョウバン）（銅）（鉄）
5列：クコ（ミョウバン）（銅）（鉄）

6 くるみボタンに

ハンカチなどを染めればそのまま使えるが、ここではいろいろ使い回せるくるみボタンをつくる。100円ショップや通販サイトでもキットが売っていて、型紙通りに布をカットして、2つのパーツで挟み込むだけで簡単にボタンが作れる。

一般的なくるみボタンキット。右上下の金属部分が布にくるまれる。

型紙に沿って切り取った布を、専用の器具で金属部品に挟み込む。

上級編

みちくさの形で自分だけの器

みちくさをじっくり眺めてみれば、どれも個性的な形ばかり。
葉は、古来から紋章やテキスタイルのデザインの雛形になってきた。
道ばたに潜む最高のデザインを暮らしに取り入れてみよう。

渡邉庸子
（わたなべ ようこ）
陶芸家。みちくさの葉を生かした陶芸教室を開講する「たからの窯」メンバー。苔玉と組み合わせた作品など、身近な自然と融合させた作品を手がけている。
http://www.takaranokama.com/

みちくさのすぐれたデザインをそのまま拝借するには、陶芸はうってつけだ。みちくさの葉などを摘んで、器の模様に活用している陶芸家の庸子さん曰く、名前を知らなくても、純粋に植物の形を楽しむのが素敵な作品をつくるための秘訣だそうだ。どんな環境に生えているか、どんなグループの植物かによって、形はさまざまだ。きっと、みちくさを摘む中で、新たな発見があるはず。きれいな形を見つけ、組み合わせて世界にひとつだけの器を作り上げよう。

用意するもの

ハサミ、ピンセット、ニードル、陶土、上塗り用の粘土。
※ろくろ、手びねり、型押しなどは手法により異なるので陶芸教室など専門家の指導のもとで制作しよう。

1 これぞ！ という形を探そう

みちくさしながら、器の模様によさそうな葉を探そう。オーソドックスな葉を組み合わせてもいいし、切れ込みがあったりハート型だったり変わった葉を選べば個性的に。カラムシ（p.104）やカナムグラ（p.72）のようにでこぼこした葉を選ぶと、くっきりと葉の模様の型がとれるのでおすすめだ。

1

ヒメジョオンのかわいい葉を見逃さない！

2

モミジ型の葉が特徴的なカナムグラ。表面がでこぼこして、型取りしやすい。

2 粘土をこねこね。器の準備を

葉が集まったら、工房へ。まずは粘土をよくこねて空気を入れよう。撮影をおこなった「たからの窯」スタイルは、型に載せた陶土を専用の素焼きのハンマーで叩いて形をつくる方法。初心者でもきれいな器を作れるすぐれものだ。器の形ができたら、準備完了！

3

しっかりと陶土をこねて準備。

4

型に合わせて、すりこぎ棒で叩いていく。厚み5〜7mmほどまで伸ばす。あまり薄いと割れてしまうのでご用心！

3 葉っぱを選んで、模様を描く

器の準備ができたら、いよいよみちくさの葉の出番だ。あんまりためつすがめつしていると、手の熱で葉がぐったりしてくるので、すばやく、大胆にレイアウトを決めよう。葉がでこぼこしている裏側を陶土に押しつけるのがポイントだ。

5

葉っぱ選び。厳選した形を探そう。

6

仮置き。納得いくまでレイアウトする。

7

位置が決まったら、再びすりこぎ棒でしっかり密着させる。

4 いよいよ、仕上げ

葉をしっかり陶土に型押ししたら、最後の仕上げは白化粘土の上塗り。これによって、焼き上がりの葉の形がよりくっきりするのだ。貼りつけた葉をはがして、出来上がり。あとは、窯で焼き上げるばかりだ。

8

水で溶いた白化粘土を薄く塗る。刷毛目を残すもよし、緻密に塗るもよし。

9

ピンセットやニードルで注意深く葉っぱをはがせば出来上がり！

10

葉っぱの葉脈や、虫食いの痕までも忠実に写されている！

《完成品》

カラムシ、カナムグラ、ヒメオドリコソウなど個性的な葉をたくさん入れたにぎやかな作品。煮物を盛ったらおいしそう。

ヒメジョオンのロゼットの葉だけを組み合わせたシンプルな作品。どんな料理にも合いそうだ。

撮影協力：北鎌倉たからの庭（http://www.http://takaranoniwa.com/）

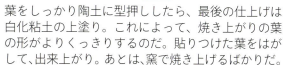

ときめきと植物のある日常を

働く大人流「みちくさのはじめかた」

文・写真／春山秀仁

〝むしろ、いちばんときめく風景は、新しい目で見る見慣れた風景だったりする〟（小沢健二「想像力」）

〝自分のまわりのあらゆる不思議なものごとを探して見つめることだ。自分ばかり見つめることには飽きちまうだろうよ〟（ドン・ファン・マトゥス）

またやってしまった。せっかくの日曜日だというのに、もうこんな時間だ。別だんこれという予定なんてなかったくせに。今になってあれこれ焦ったって、仕方ないじゃないか。そもそも出かけるつもりなら昨日あんなに夜ふかしなんてしなきゃよかったんだ。今日出かけるつもりならね。分かってるよそんなの。だって1週間録りためたテレビ番組を消費できるのは昨日の夜しかなかったんだ。それでも、結局最後までは見きれなかったんだぜ。気づいたら机につっぷして……。それに最近あれだ、妙に暑かったり寒かったり、突然雨が降ったり、まったくおっくうだ。何を着て行けばいいのかさえ最近はさっぱりわからない。それなのに、なんなんだこの焦燥感は。休日。僕はいったいどこに出かければいいんだろう、こんな時間から。……また、やってしまった

鼻と目がひどくむずがゆい。黄色い妖精の粉が盛大に舞っているのにちがいない。3月、ジンチョウゲ。まるで不意打ちのように大脳辺縁系にそっと忍び込んでくる隠微な香水。香りと植物の名前が一致したのはここ最近の話だ。意想外にこじんまりした固い印象の白と赤の花弁に鼻をこすりつける。頭がクラクラする。秋のキンモクセイと同じで、定かならぬところから仄かに漂ってくるのを意識しない程度に意識すべき香りなのだとそのつど思う。思うくせに、見つけるとすぐに鼻を近づけるのをやめられない、僕は早春の薬物常習者だ

ホトケノザ、オオイヌノフグリ、ヒメオドリコソウ、ヘビイチゴ、カキドオシ。定番の春の草花が幅をきかせはじめるころ、巨

【プロフィール】
春山秀仁（はるやまひでひと）
埼玉県戸田市在住、自営業（運輸関連）。休みの日に家にいることが怖くてしかたのない40代、酒好き。小さな生き物がやってくるほっぽらかしガーデン（HPG）園丁。越境するヤドリギハンターでもある。最近かなり滞っているブログ：「エコログ！ Fu's eco-Logbook」 http://fumanchu.cocolog-nifty.com/

（左）黄色と水色のおはじきを集めたようなキュウリグサ。
（右）ネジバナ、子どもに踏みつけにされる道ばたのラン。

（左上）自分の居場所を見つけたシダ。
（右上）シロツメクサとニワゼキショウの「野草のブーケ」。
（左下）クサイチゴ、みちくさのおやつ。
（右下）秋の燭台、ゲンノショウコ。

大スーパーの駐車場のフェンスぎわに陣取る黄色と水色のおはじきを集めたような小さな小さな花。葉をもむとキュウリの匂いだというのでキュウリグサ。なんてわかりやすいんだろう。だけど、個人的には皮ギリギリまでしゃぶりつくしたメロンの匂い。それで僕は勝手に命名する。「メロンノカワギリギリグサ」。匂いと名前。鼻と花って、もとは同じだったのかもしれない。顔の先端で咲く花、茎の先端で妖しげな香りを発散する鼻。芽は目で、葉は歯。実が2つで耳だし、木は大地の毛だ

とある生活上の変化が引き金となり、とつぜん植物への抑えがたい衝動が押し寄せてきたのは、長女が生まれた数年後だから、もう10年も前だ。まったく、年をとるわけだ。もともとぼんやり知っていた植物はタンポポとヒマワリくらい、スミレなんてごく最近までどんな花なのかさえ知らなかったし知りたいとも思わなかった。そんなだからウメとサクラの区別なんて当然つかなかったし、今もたぶんあんまりつかない。So What。だからなんだ。僕は僕のやり方で、というかやり方も何もないままともかく突んのめるようになんでもかんでも植物に関することは吸い込んだ

みちくさの途中（僕らは目的地までのぶらぶら歩きをそう呼ぶ）、名前を覚えたての草花があとからあとからとめどなく目に飛び込んでくる5月。よーいドンでいたるところにミドリ成分が凶暴な横溢っぷりを見せつけながら梅雨の時期に一時停止するまで一気に駆け抜ける。ひと鉢うん万円もする役員室の豪華な胡蝶ランなんかより、子どもに踏みつけにされる可憐でたくましい道ばたのラン、ネジバナのほうがずっとずっと好きだ。そうして日々の雑事、浮き世のわずらわしさに忙殺されるうちアジサイの季節は終わりに近づき、ふと気づけば無数のセミたちの無慈悲な声のシャワーを全身に浴びている、夏

とりあえず、適当な服と靴で出かけよう。働く世代が心ときめく風景を見つけに。もう太陽が垂直に頭頂を照らす時間だけれどかまわない。見慣れた風景を、異邦人の目で見るというただそれだけのために残りの今日を使おう。自分のまわりのあらゆる不思議なものごとを探して見つめよう。立ち話のご婦人方にいぶかし気な目で見られたって気にしない。どこで何をしようと誰にも何も言わせない。来たるべきものが幻滅しかもたらさなかったとしてもかまわない。今日は僕の休日なのだから。

(右上)「コンクリート上の庭」、手前左の箱が「クソ園芸」。
(左上)草創期の「クソ園芸」。市販の小鳥のエサだけでなく果物類、水を置いてやるといろいろ来る。
(左中)3年目くらいの「クソ園芸」。いろいろ出てきたところ。風で飛んできたキク科の雑草なんかは抜いてやる。
(左下)5年目くらいの「クソ園芸」。互いに競合し出す。林床の生成を見るようで楽しい。たまに手を入れてやる。

何年か前、自宅のコンクリートの敷地の上に庭を作った。庭といっても庭園とかいうような立派なものではなく、土留めをつくった中に適当に土を放り込み、好みの植物を植えただけのざっくりしたものなのだが、これが無性に楽しい。この小さな庭のポリシーは、勝手に出てくる植物や昆虫その他有象無象をむやみに排除しないということ。小さな生き物たちに評判のいい庭を。思うようにいかず途中で放り出したくなったりもしたが、今では春の芽だしから初夏の花々、秋の落葉までさまざまな表情を見せてくれる。僕は、この無秩序で混乱した庭の役立たずな園丁だ。みちくさの途中で出会った人手のくわわった形跡のないちょっとした自然をお手本に。アスファルトの隙間に陣取るスミレ、無粋なブロック塀に器用に張りついたオオイタビ、エアコンの室外機を取りまくドクダミ、雨どいからの水を独占するシダ……

その庭の一角に「クソ園芸」がある。「糞ガーデニング」「落とし物園芸」、呼び名はどうでもいい。要は、土をたっぷり入れた大っきなプランターの上に鳥のエサや水場を置き、誘惑に屈して群がる小鳥たちが置いてゆく「おみやげ」から発芽した植物を積極的に育ててみましょうという種子、いや趣旨の、僕が勝手に考えた園芸手法だ。ただ今特許出願中(嘘です)。都市の住宅街に来る鳥はスズメ、メジロ、シジュウカラ、ヒヨドリ、キジバトくらい、まれにツグミ、ジョウビタキあたり。クソ園芸場に出てきたのはナンテン、ヒヨドリジョウゴ、ヘクソカズラ(クソだけに)、ハナミズキ、クロガネモチ、シュロ、その他不明の芽が複数。どこからタネが飛んできたのかスゲやネジバナまで出てきた。大きくなりすぎるものは整理し、要るものだけ残す。若干の設備投資以外に手間も費用もほとんどかからないしベランダなどでもできるエコでアーバンな大人の園芸。鳥の大騒ぎとフン害を軽く受け流す度量のある方はぜひお試しを。思えばこれも、みちくさ中あちらこちらから機嫌よく勝手に生えてくる木や草を見ていて思いついたアイデアなのだった。

11月。ほかの植物が嫌がるようなところでもへいきな顔して逞しく生えているヤツデの花がほの甘い蜜の香りを漂わせるころ。電車を降り、路地をつたって、ひと駅ふた駅みちくさするとしようか。見慣れた、でも不思議な風景を探しに。

索引

※本の中で大きく扱った種は太字、そうでない種は細字にしてある。

1冊は持っておきたい図鑑

①『花と葉で見わける野草』
近田文弘（監修）・亀田龍吉（写真）・有沢重雄（文・編）／小学館
似ている野草を「なかま」として同じページにまとめて見分け方を解説。初心者にはピッタリの一冊。

②『形とくらしの雑草図鑑
――見分ける、身近な 280 種』
岩瀬徹（著）／全国農村教育協会
日常的に見られる植物にこだわった図鑑。写真が多く見やすい。

③『野に咲く花 増補改訂新版』
門田裕一（監修）・畔上能力（編）・平野隆久（写真）／山と渓谷社
充実した情報量に持ち歩きやすいサイズ。街中から里山ならばこれ 1 冊で OK。

もう 1 冊、あると便利な図鑑

④『身近な雑草の芽生えハンドブック』
浅井元朗（著）／文一総合出版
いつでも花が咲いているとは限らないみちくさ。芽生えがわかると季節を選ばず楽しめる。

⑤『身近な草木の実とタネハンドブック』
多田多恵子（著）／文一総合出版
なにかと目につく、実とタネを網羅。秋から冬の植物を調べるのに便利。

⑥『日本帰化植物写真図鑑―― Plant invader600 種』
清水矩宏・広田伸七・森田弘彦（著）／全国農村教育協会
どんどん海外からやってくる外来種をチェックできる図鑑。見かけない顔を見たら開いてみよう。

南佳典・沖津進（編）(2007)『ベーシックマスター 生態学』オーム社
森昭彦（2010）『身近な野の花のふしぎ』SB クリエイティブ（サイエンスアイ新書）
盛口満（2015）『雑草が面白い―その名前の覚え方』新樹社
横浜植物会（2003）『横浜の植物』

【参考 HP】
シンテッポウユリ（日本の外来種対策／環境省自然保護局）：http://www.env.go.jp/nature/intro/1outline/list/files/149.pdf
湘南の種子植物（ベンケイソウ科）オカタイトゴメ（平塚市博物館）：http://hirahaku.jp/hakubutsukan_archive/seibutsu/00000033/1207.html
みんなの趣味の園芸：http://www.shuminoengei.jp/
ヤサシイエンゲイ：http://www.yasashi.info/index.html
植物和名 - 学名インデックス YList：http://ylist.info/index.html

【他資料】
全農教・日本帰化植物友の会通信編集部：タカサゴユリか、シンテッポウユリか―帰化植物メールよりの抜粋―, 日本帰化植物友の会通信 ,5,pp 1-9（2005）
Ebihara, A., Ito, M., Nagamasu, H., Fujii, S., Katsuyama, T., Yonekura, Yahara, T. 2016. Fern GreenList ver. 1.0,（http://www.rdplants.org/gl/）
Ito, M., Nagamasu, H., Fujii, S., Katsuyama, T., Yonekura, Ebihara, A., Yahara, T. 2016. GreenList ver. 1.0,（http://www.rdplants.org/gl/）

図鑑のずかん

「みちくさ」に興味があるけど……
あまりにもたくさん本があってどれがいいのかわからない！
そんなお悩みを解決するおすすめ図鑑のコーナー。
みちくさの登場が印象的なエッセイや小説も少しだけ。

楽しく読んでためになる。みちくさエッセイ

⑦『みちくさの名前。――雑草図鑑』
吉本由美（著）／NHK 出版
糸井重里氏が主宰する Web サイト「ほぼ日刊イトイ新聞」での連載をまとめたもの。日常で出会う「みちくさ」をさまざまな専門家と巡る。

⑧『柳宗民の雑草ノオト』
柳宗民（文）・三品隆司（画）／筑摩書房
雑草をひとつひとつ、筆者の思い出とともに語ってゆく。名前の由来や民俗学的なうんちくが楽しい。

⑨『雑草が面白い――その名前の覚え方』
盛口満（著）／新樹社
常に体当たりで自然を体験する筆者。イネ科の種でお粥を作ったり……。いきいきとしたエピソード満載。

みちくさの登場シーンが印象的な小説など

⑩『ポラーノの広場』
宮沢賢治（著）／新潮社
自然と同化するかのような感性を持った賢治。表題作ではシロツメクサが重要な役割を果たす。

⑪『野草手紙――独房の小さな窓から』
ファン・デグォン（著）／NHK 出版
政治犯として収監された筆者が、絶望の中で見い出した植物との交歓。妹への手紙に綴られた植物たちの生き様が印象深い。

⑫『棒がいっぽん』
高野文子（著）／マガジンハウス
都会に暮らすコロボックルのカップルの日常を描く「東京コロボックル」を収録。ノゲシが印象的に登場する。

参考文献

【参考図書】
いがりまさし（1996）『増補改訂 日本のスミレ』山と渓谷社（山渓ハンディ図鑑）
池畑怜伸（2006）『写真で分かるシダ図鑑』トンボ出版
石井英美・崎尾均・吉山寛ほか（2004）『樹に咲く花 離弁花①』山と渓谷社（山渓ハンディ図鑑）
岩槻秀明（2014）『最新版 街でよく見かける雑草や野草がよーくわかる本』秀和システム
植村修二・勝山輝男・清水矩宏・水田光雄・森田弘彦・廣田伸七・池原直樹（2010）『日本帰化植物写真図鑑 第 2 巻―Plant invader 500 種』全国農村教育協会
薄葉重（2003）『虫こぶハンドブック』文一総合出版
太田和夫・勝山輝男・高橋秀男ほか（2005）『樹に咲く花 離弁花②』山と渓谷社（山渓ハンディ図鑑）
門田裕一（改訂版監修）・畔上能力（編著）（2013）『山に咲く花 増補改訂新版』山と渓谷社（山渓ハンディ図鑑）
嶋田幸久・萱原正嗣（2015）『植物の体の中では何が起こっているのか』ベレ出版
清水矩宏・広田伸七・森田弘彦（2001）『日本帰化植物写真図鑑―Plant invader600 種』全国農村教育協会
城川四郎・高橋秀男・中川重年ほか（2001）『樹に咲く花 合弁花・単子葉・裸子植物』山と渓谷社（山渓ハンディ図鑑）
田淵誠也（2005）『すみれを楽しむ 育てやすいすみれとはじめての栽培』栃の葉書房（別冊趣味の山野草）
塚本洋太郎（1994）『園芸植物大事典 コンパクト版』小学館
林弥栄（監修）・門田裕一（改訂版監修）（2013）『野に咲く花 増補改訂新版』山と渓谷社（山渓ハンディ図鑑）

ウチのみちくさを紹介します。

子どものころ、僕はほどほどの田舎で育った。北海道の原生林でもないし、カタクリの咲き乱れる里山でもない。田んぼに梨畑、小さな川に堰、高速道路、学校、集落や住宅街、神社にお寺。だいたいこんなものの中で泥んこになって育った。

特別に植物が好きだったわけではない。友達だったわけでもない。ただ、遠慮なくちぎっては投げ、引っこ抜き、蹴飛ばしたりして暮らしていた。今でも、好きというのとは違うのかもしれない。だから、「自然が好きなんですね！」と言われると、言葉に詰まる。それは僕にとっては「家族が好きなんですね！」と言われるのに等しいからだ。実家の周りにあった植物は、当たり前だがとくに不平を言うでもなく、傍若無人な僕を受け止めてくれた。繰り返し繰り返し生え、花を咲かせ、実をつけた。だから、つい家族にするように、僕は植物たちをいささか雑に扱う。かれらは僕を甘やかしてくれているのだ。

だからこの「みちくさ」の本は、どういうわけか家族を紹介することになってしまった私小説のような意味合いを持っている。身内自慢の手前味噌なのだ。もっと僕が若かったら「これが僕の素晴しい家族です！」なんて、ほんとうは恥ずかしくて言えない。けれども、観察会などで「こんなの雑草でしょ」と言われると、俄然アタマに来るのである。だいたいムキになってそのみちくさの面白さ、かっこよさをまくしたてる。そう、まるで他人に自分の家族をけなされた時みたいに。だから僕はこの本をつくることで、こいつら「みちくさ」が、家族であり、友であることを面映く思い知らされたのである。

観察会をしていると、ときたまお客さんに「これ、触ってみてもいいですか？」と許可を求められ、びっくりすることがある。そこらにあるものを触ることに、どうして許可なんか求めるのだろう。そういう場面に何度も出会ううち、僕は現代人の孤独を思うのだ。決して、物質的に豊かになったが精神的には貧しくなったなどという月並みな精神論はかざしたくない。昔の人以上に、あらゆる人が本を読み、文化に親しんでいる。けれども、無言で受け止めてくれる自然という、ある種の家族との間には、大きな溝が生まれつつあるのも確かなような気がする。その自然は、原生林である必要はない。ささやかな身近なものでよい。旅先で出会う見知らぬ人のような、たまに行き会う名前も知らない知り合いのようなみちくさが、人の友とは違う意味で、孤独を癒してくれるはずだ。願わくば、みちくさとの交歓が、多くの方の日々を昨日よりも少しだけカラフルにしてくれるように。

さあ天気もいいし、ちょっくらみちくさしに出かけようかな。

自然界でくり広げられる"食べる"物語を紹介。定価1,200円+税

生き物たちの冬の生活をそっとのぞいてみよう。定価1,200円+税

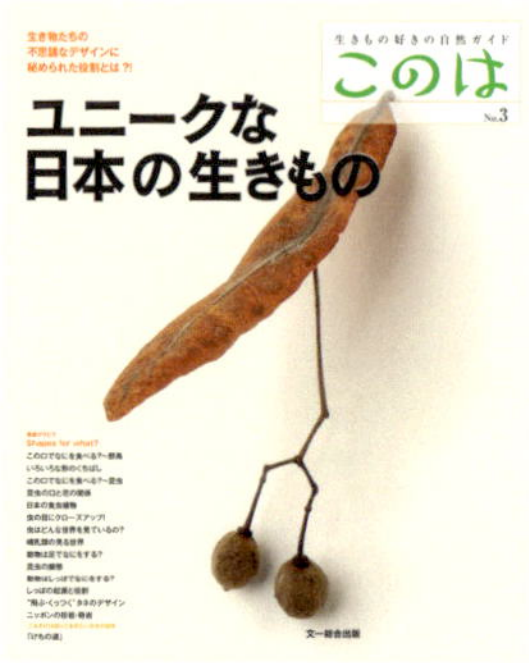

生き物の不思議なデザインに秘められた役割を探る。定価1,200円+税

川の生き物を知ることは、川の健康状態を知ることだ。定価1,200円+税

紅葉はなぜ美しいか? 秋の生物と共に仕組みを解説。定価1,200円+税

小さな島国・日本で見られる冬鳥を徹底的にガイド。定価1,200円+税

観察から図鑑、グッズ紹介までコケ入門書の決定版。定価1,200円+税

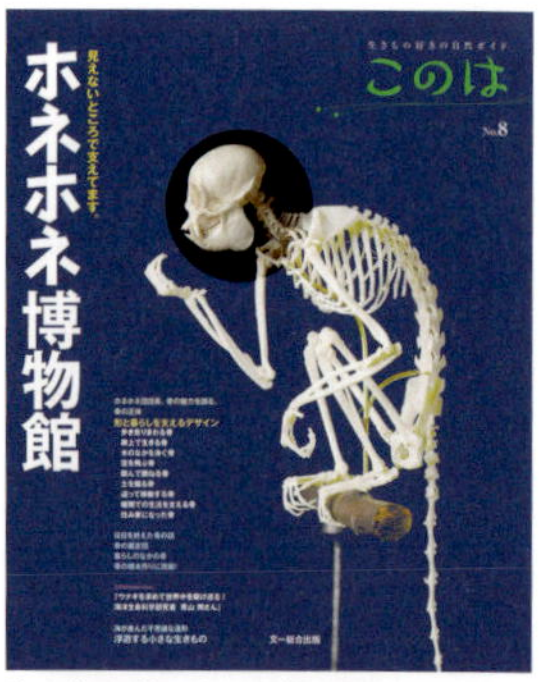

生き物の暮らしと骨格の関係から骨の魅力に迫ります。定価1,200円+税

日本と世界のフクロウ100種を生態写真で紹介。定価1,800円+税

光る生き物の魅力と生活、観察のコツを紹介する入門書。定価1,800円+税

きのこの基本から識別のポイントまで紹介した入門書。定価1,800円+税

●著者
佐々木知幸(ささき ともゆき)
1980年、埼玉県生まれ。造園家・樹木医・ネイチャーガイド。祖母の影響で幼いころから草花に親しみ、長じてのち、千葉大学園芸学部にて植物生態学を学ぶ。専門性を活かして、庭園づくりや管理に携わるほか、足元の植物を愛でる部活動「みちくさ部」を主宰。鎌倉を拠点にさまざまな自然観察会を開いている。

●写真協力
トモオカタカシ (株)ロクナナ)

●イラスト
岩田とも子

●取材協力
東雪子/太田慶子/佐々木ゆりい/志賀桂子/古川友紀子/春山秀仁/吉田秀道
北鎌倉たからの庭/緑山ハーブガーデンナチュラパス/(株)ハルメク/FIESTA

編集長
志水謙祐

編集
境野圭吾

デザイン
落合正道(マーズデザイン)

生きもの好きの自然ガイド「このは」No.12
道ばたの草花がわかる!
散歩で出会うみちくさ入門

2016年7月21日 初版第1刷発行
2017年1月21日 初版第2刷発行

発行所 株式会社 文一総合出版
〒162-0812 東京都新宿区西五軒町2-5 川上ビル
編集部 tel.03-3235-7342
営業部 tel.03-3235-7341 fax.03-3269-1402
発行人 斉藤 博
印 刷 奥村印刷株式会社

ISBN978-4-8299-7391-2
NDC:471 128ページ B5判(182mm×257mm)
Printed in Japan